Qualitätsmanagement in der Praxis

**DIN ISO 9000   Lean Production
Total Quality Management**

Einführung eines QM-Systems im Unternehmen

Von Dipl.-Ing. Klaus-Jürgen Wittig
Qualitätsförderung Wittig, Brixen (Italien)

2., überarbeitete und erweiterte Auflage
Mit 36 Bildern

B. G. Teubner Stuttgart 1994

Die Deutsche Bibliothek – CIP-Einheitsaufnahme

Wittig, Klaus-Jürgen:
Qualitätsmanagement in der Praxis : DIN ISO 9000, Lean
Production, Total-Quality-Management ; Einführung eines QM-
Systems im Unternehmen / von Klaus-Jürgen Wittig. – 2.,
überarb. und erw. Aufl. – Stuttgart : Teubner, 1994
  ISBN 3-519-16340-3

© B. G. Teubner Stuttgart 1994
Printed in Germany
Gesamtherstellung: Präzis-Druck GmbH, Karlsruhe

Vorwort

Es gibt wenige Sachgebiete, die sich so wie die Qualitätswissenschaften in den letzten Jahren verändert haben. Die Ursachen liegen sicher im geänderten Verbraucherverhalten und in der großen Verfügbarkeit von Produkten und Dienstleistungen.

Qualität wird zu einem marktbestimmenden Faktor und findet zunehmend neben den Kosten und den Terminen Beachtung. Dabei tritt der Kunde in den Mittelpunkt, die Erfüllung seiner Anforderungen oder auch seiner Wünsche bestimmen den Markterfolg. Aber nicht nur das Produkt wird betrachtet, sondern auch die Dienstleistungen.

Da Qualität der Erfüllungsgrad von Anforderungen ist, sind Anforderungen exakt zu ermitteln und deren Erfüllung sicherzustellen. Dabei bedient man sich eines Qualitätsmanagements, welches der Unternehmensleitung die Verantwortung und aktive Mitgestaltung überträgt, jeden Mitarbeiter in den Qualitätsprozeß einbindet und durch Prozeßlenkung die Erfüllung sichert. Die Unternehmensleitung muß allerdings ein solches Vorgehen wollen und vor allem das Mittelmanagement als Qualitätsmittler einsetzen und motivieren.

Qualitätsmanagement bedingt ein firmenspezifisches System, welches die ISO-Normenreihe 9000 als Grundlage haben soll. Dieses System ist die Voraussetzung für eine erfolgreiche Qualitätssicherung.

Nach der Einführung eines solchen Systems ist eine Weiterführung der Qualitätsaktivitäten bis zu einer Qualitätskultur (Total Quality Management) notwendig. Unter Total Quality Management versteht man eine Führungsmethode, die Kundenzufriedenheit, Mitarbeiterzufriedenheit und Auswirkungen auf die Gesellschaft anstrebt. Durch Führung werden Politik und Strategie, Mitarbeiterführung, Ressourcen und Prozesse mit dem Ziel guter Geschäftsergebnisse gelenkt. In Europa wird für das Unternehmen mit den besten Ergebnissen der "European Quality Award" und für weitere Unternehmen mit ausgezeichneten Ergebnissen "European Quality Prizes" vergeben. Managementsysteme müssen derartige Ansätze bereits beinhalten. Ein solches System wird hier als "Brixner Modell" vorgestellt. Die in letzter Zeit aufgeflammte Diskussion um Lean Production hat Strategien des Qualitätsmanagements etwas verdrängt, dabei vergißt man aber, daß Lean Production Bestandteil des Qualitätsmanagements sein kann, wenn man beim Systemaufbau ISO 9000 alles das beseitigt, was sich nicht wertsteigernd auswirkt. Diese Chance sollte man nutzen. Bis dorthin ist der Weg allerdings lang und steinig, aber er lohnt sich zu gehen.

Da es bei den Qualitätsbetrachtungen auch um Visionen geht, möchte ich an dieser Stelle an ein Wort des französischen Dichters Antoine de Saint Exupéry erinnern: "Wenn du ein Schiff bauen willst, so trommle nicht Männer zusammen, um Holz zu beschaffen, Aufgaben zu vergeben und die Arbeit einzuteilen, sondern lehre die Männer die Sehnsucht nach dem weiten, endlosen Meer."

Das Buch soll als praktischer Leitfaden dienen. Es soll Ihnen sagen: " Wie packe ich es an." Es wurde von einem Praktiker geschrieben, der sich seit mehr als 30 Jahren mit der Qualität abplagt und der jetzt sehr froh ist, daß die Qualitätsverantwortung auf breitere Schultern gelegt wird. Deswegen ist er auch bereit umzudenken, Prüfkompetenzen am Produkt an den Erzeuger zum Nutzen des Ganzen abzugeben. Das Buch soll aber auch alle Leiter in Sachen Qualität ermuntern, in ihren Bemühungen nicht nachzulassen.

Ein Dank gilt der Fa. Durst Phototechnik AG, Brixen, die mir gestattet hat, ihr Managementsystem zu veröffentlichen und allen Mitarbeitern, die mit Begeisterung für die neuen Qualitätsideen gestritten haben. Ebenfalls gedankt sei dem Verlag B.G. Teubner Stuttgart und hier besonders Herrn Dr. Schlembach für seine wertvollen Ratschläge. Weiterhin danke ich Herrn Mag. Foco, Brixen, für die kritische Beurteilung des Manuskriptes aus der Sicht des Lesers. Dank sage ich auch meiner Frau Katharina, der es gelungen ist, aus vielen losen Blättern ein Ganzes zusammenzufügen.

Brixen, im Frühjahr 1993   Klaus-Jürgen Wittig

Vorwort zur zweiten Auflage

Die schnelle Verbreitung der ersten Auflage hat die Richtigkeit des vorliegenden Konzeptes, Praxiserfahrungen zum Qualitätsmanagement vorzustellen, vollauf bestätigt.

Diese Auflage wurde nochmals durchgesehen und die Gebiete Umweltschutz, Produkthaftung, Wirtschaftlichkeit und Total Quality Management erweitert, da die Norm hierzu zu wenig aussagt und das die logische Fortführung des Leitgedankens "Ganzheitliches QM-Management" darstellt.

Allen, die mir dabei behilflich waren, meinen herzlichen Dank.

Brixen, im Sommer 1994   Klaus-Jürgen Wittig

Inhalt

1 Warum sind Qualitätsbemühungen notwendig?

1.1 Qualitätsbegriffe

Das Wort "Qualität" ist im 16. Jahrhundert entstanden und wurde aus dem Lateinischen "qualis" - wie beschaffen - abgeleitet. Die Beschaffenheit hat sich in unserem heutigen Qualitätsbegriff in Eignung gewandelt.

DIN ISO 8402 bezeichnet Qualität als "Die Gesamtheit von Merkmalen einer Einheit bezüglich ihrer Eignung, festgelegte und vorausgesetzte Erfordernisse zu erfüllen."

Qualität wird für den Verbraucher erzeugt. Dieser wird Produkte und Dienstleistungen immer wieder verlangen, wenn er damit zufrieden ist. Er wird zum Erzeuger zurückkehren und nicht mangelhafte Erzeugnisse zurückschicken (Bild 1.1).

Qualität ist,
wenn die Kunden
zurückkommen und
nicht das Produkt.

Bild 1.1 Qualitätsbegriff

Qualität ist der Erfüllungsgrad von Anforderungen

Weil Anforderungen wandelbar sind, ist eine laufende Überprüfung notwendig. Außerdem sind diese Anforderungen in Merkmale mit festgelegten Prüfkriterien umzuwandeln. Wir nennen sie "kundenkritische Qualitätsmerkmale", weil sie sich direkt auf Kundenwünsche beziehen.

Für den gleichen Gebrauch können die Kundenanforderungen unterschiedlich groß sein. Diese "Anspruchsklassen" sind zu definieren. Sie spiegeln das Preis-Leistungsverhältnis wieder. Anspruchsklassen können einen unterschiedlichen Erfüllungsgrad der Anforderungen besitzen.

Für die Erfüllung der Qualitätsforderungen ist der Hersteller zuständig. Er bewältigt diese Aufgabe durch ein entsprechendes Qualitätsmanagement und durch das Vorhandensein beherrschter und qualitätsfähiger Prozesse.

Qualitätsmanagement sind nach DIN ISO 8402: "Alle Tätigkeiten der Gesamtführungsaufgabe, welche die Qualitätspolitik, Ziele und Verantwortungen festlegen, sowie diese durch Mittel wie Qualitätsplanung, Qualitätslenkung, Qualitätssicherung und Qualitätsverbesserung im Rahmen des Qualitätsmanagementsystems verwirklichen."

Für das Qualitätsmanagement zeichnet die Unternehmensleitung verantwortlich. Sie muß selber aktiv mitarbeiten und die gesamten Mitarbeiter in allen Abteilungen des Unternehmens einbeziehen. Gleichzeitig sind alle im Unternehmen bestehenden Prozesse einer Überprüfung zu unterwerfen. Neben der Beherrschbarkeit und Qualitätsfähigkeit spielen Termine und Kosten eine entscheidende Rolle. Alle nicht wertsteigernden Tätigkeiten sind im Sinne von Lean Production zu überdenken und nach Möglichkeit zu entfernen. Die Hierarchie ist zu verdünnen und überflüssige Stufen zu eliminieren.

Qualitätsmanagement ist Prozeßmanagement

1.2   Marktveränderungen

Immer mehr Unternehmen sind auf dem Markt nur deshalb erfolgreich, weil ihre Produkte und Dienstleistungen für den Kunden attraktiv sind. Sie sind deshalb attraktiv, weil das Preis-Leistungsverhältnis stimmt. Dabei wird die Qualität in steigendem Maße primäres Kaufargument.

In den letzten 30 Jahren hat ein Wandel vom Herstellermarkt zum Verbrauchermarkt stattgefunden.

Nach einer Aufbauphase, die vom Mangel geprägt war und deren Ziele der Wiederaufbau und die Erfüllung der Grundbedürfnisse war, haben wir in den 60er Jahren eine Konsolidierungsphase erlebt. Diese Phase war bestimmt durch eine große Nachfrage, entsprechende Angebote und Wettbewerb. Wohlstand, Sicherheit und Prestige waren die Konsumentenziele. In der Produktion spielten große Stückzahlen und dadurch Automatisierung und Rationalisierung eine große Rolle. Die primären Verkaufsargumente sind Verfügbarkeit, Bedarfsdeckung und Qualität.

Heute befinden wir uns in einer Qualitätsphase, deren Ziel Erhaltung der Umwelt und ausreichende Beschäftigung ist. Diese Phase wird durch Überangebot und einen Verdrängungswettbewerb gekennzeichnet. Die Produktionsziele sind Qualität und Zuverlässigkeit, Innovation und Flexibilität. Das primäre Kaufargument hat sich in Wertbeständigkeit und Funktionalität gewandelt. Die Qualität ist jetzt so wichtig, daß sie an die erste Stelle gerückt ist (Bild 1.2).

Phase Jahr	Aufbau 1945	Konsolidierung 1960	Qualität 1990
Markt	Hersteller	Übergang	Verbraucher
Ziele	Wiederaufbau Erfüllung von Grundbedürfnissen	Wohlstand Sicherheit Prestige	Umwelt-bewußtsein Beschäftigung
Kennzeichen	Mangel	große Nachfrage gutes Angebot nat. Wettbewerb	Überangebot Verdrängungs-wettbewerb
Produktionsziele	Stückzahl	Rationalisierung Stückzahl/Export Automatisierung	Qualität/Zuverläss. Innovation Flexibilität
Primäres Kaufargument	Verfügbarkeit	Verfügbarkeit Bedarf Qualität	Qualität Funktionalität Wertbeständigkeit

Bild 1.2 Vom Hersteller- zum Verbrauchermarkt

Folgende Entwicklungen haben stattgefunden:
Verschärfter Wettbewerb. Der Markt ist in Europa weitgehend gesättigt. Es finden Verlagerungen in andere Länder und Kontinente statt. In zunehmendem Maße muß Produktpolitik in Marktnischen betrieben werden, da der Markt von potentiellen Anbietern besetzt ist. Außerdem erfolgen Produktdifferenzierungen mit Hilfe der Qualität. Zunehmende Schwierigkeiten bereiten den Zulieferbetrieben die zeitgerechte Anlieferung (Just in time). Sie schafft nicht nur Abhängigkeit vom Auftraggeber, sondern auch zunehmende logistische Probleme infolge der verstopften Verkehrswege. Einer kostengünstigen Fertigung stehen die immer kleineren Losgrößen entgegen. Das Werben neuer Kunden erfordert erhöhte Aufwände (Bild 1.3).

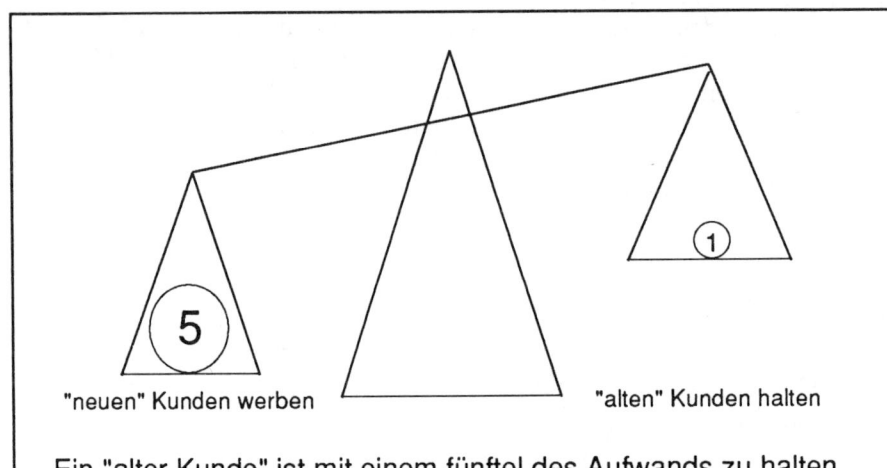

Ein "alter Kunde" ist mit einem fünftel des Aufwands zu halten, der erbracht werden muß, um einen "neuen" Kunden zu werben.

Bild 1.3 Aufwand Kundenwerbung

Steigende Komplexität der Produkte. Steigende Komplexität der Produkte erfordert erhöhte Aufwände in der Produktentwicklung, die das Problem der Verkürzung der Entwicklungszeiten noch verschärfen und Neuentwicklungen zu einem Wettlauf mit der Zeit werden lassen.
Wachsende Kundenerwartungen. Das Kundenbewußtsein hat sich durch den Wandel der gesellschaftlichen Ziele (Hersteller zum Verbrauchermarkt) gewandelt. Das Produkt muß nicht nur funktionstüchtig sein, sondern viel mehr

Forderungen erfüllen, wie Umweltverträglichkeit, Sicherheit, Zuverlässig- *Forderungen aus (Produkt)*
keit und guter Service. Die Erlebniswelt des Kunden ist komplexer geworden
(Bild 1.4).

Der Markt verlangt "gesicherte" Qualität. Besonders im Bereich der Zulie-
ferindustrie, aber auch jetzt schon in anderen Bereichen (Aufträge des Staates)
ist die Qualitätsfähigkeit vor Auftragsvergabe und auch danach nachzuweisen < (W)
(Zertifikate für Managementsysteme, Produkte und Dienstleistungen).

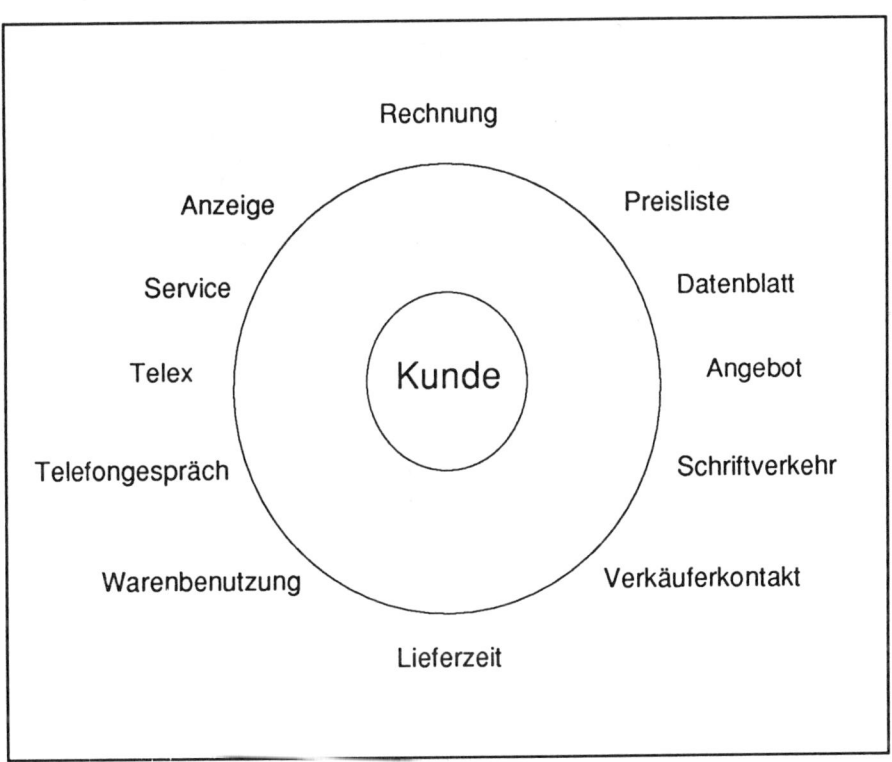

Bild 1.4 Erlebniswelt des Kunden

1.3   Folgen mangelnder Qualität

Hat der Lieferant nicht das nötige Vertrauen des Käufers, so werden seine
Produkte bei der Kaufentscheidung nicht berücksichtigt. Da der Käufer in der
Regel anonym agiert, teilt er das Ergebnis seines Entschlusses, nicht mehr zu

kaufen, dem Hersteller nicht mit, sondern reklamiert nur einen kleinen Prozentsatz (4%). Ein Großteil der Kunden (90%) kauft bei Neuerwerb ein anderes Produkt.

Weiterhin beeinflussen unzufriedene Kunden 9 bis 20 Prozent ihres Umkreises negativ. Für jeden Fehler über dem Durchschnitt des Marktführes gehen mindestens 3 - 4 % des Verkaufsvolumens dem Unternehmen verloren (Bild 1.5).

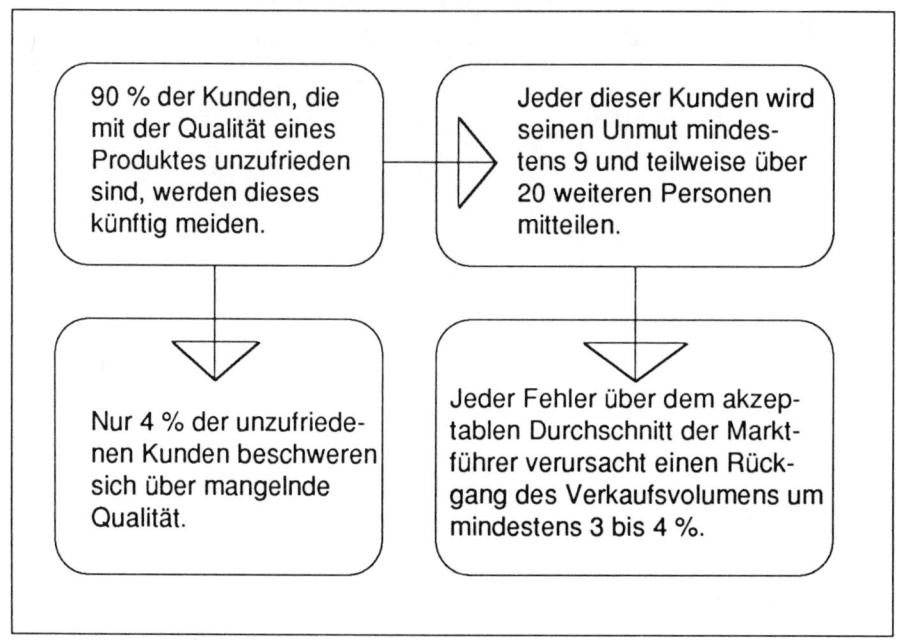

Bild 1.5 Folgen mangelnder Qualität

1.4   Unternehmerische Reaktionen

Jedes Unternehmen, das überleben will, muß sich auf die veränderten Marktsituationen einstellen. Unterstützt wird es durch Marktuntersuchungen, die das Verhältnis Preis-Qualität und Kosten-Qualität aus dem Blickwinkel des Verbrauchers und des Herstellers untersuchen. Diese sogenannte PIMS-Studie (Profit Impact of Market Strategy, Neubauer 1984) hat Daten operativer und strategischer Art von 3000 Unternehmungen untersucht und kommt neben anderen Ergebnissen zum Schluß, daß zwischen der Qualität und der Rentabilität quantifizierbare Beziehungen bestehen.

Qualität wird aus zwei Blickwinkeln betrachtet. Aus der Sicht des Kunden und aus der Sicht des Unternehmens, das primär seine internen Prozesse zu optimieren hat.

Bieten Unternehmen aus Kundensicht höhere Qualität auf dem Markt an, so können sie auch höhere Preise dafür fordern, die den Gewinn erhöhen. Marktanteile nehmen zu, Rentabilität und Wachstum steigen.

Aus der Sicht des Unternehmens vermindern Produkte mit übereinstimmenden Spezifikationen die Qualitätsabweichungskosten. Dadurch werden die Gesamtkosten niedriger, was ebenfalls wieder zu einer besseren Rentabilität und auch zu einem Wachstum führt.

Die Zunahme von Produktmenge und von Erfahrungen erhöhen ebenfalls die Wirtschaftlichkeit.

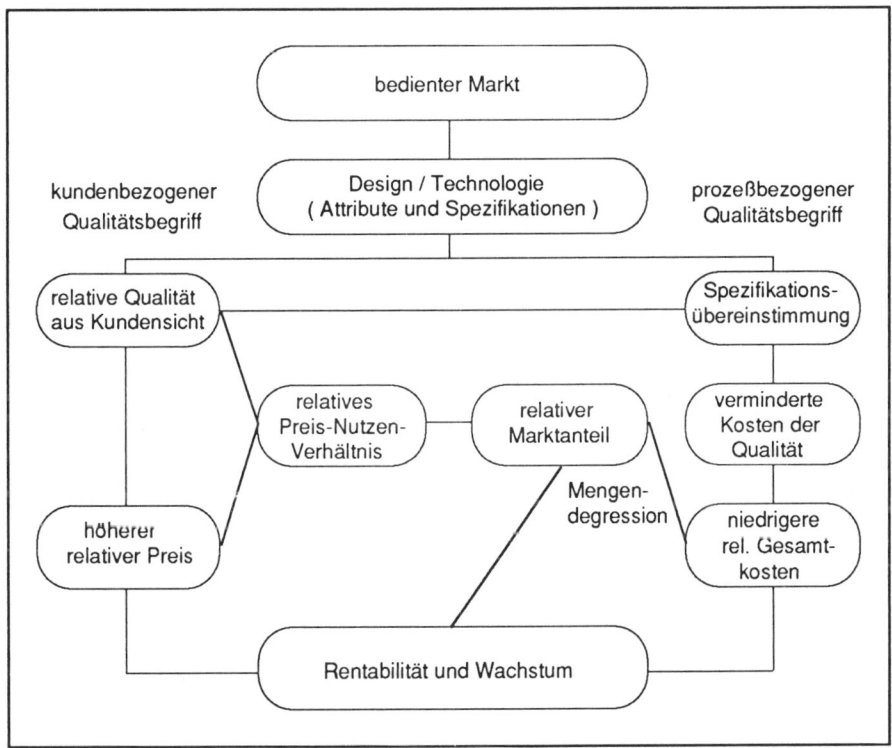

Bild 1.6 Rentabilität und Wachstum durch Qualität

Die Rentabilität (Return on investment) nimmt mit steigender Produktqualität spürbar zu, da der Preis in diesem Zusammenhang nur noch eine geringe Rolle spielt (Bild 1.7).

Zusammenfassend kann gesagt werden, daß Qualitätsanbieter Marktanteile und Preise erhöhen können, Aufwendungen für Marketing und Qualität senken und generell am Markt autonomer agieren.

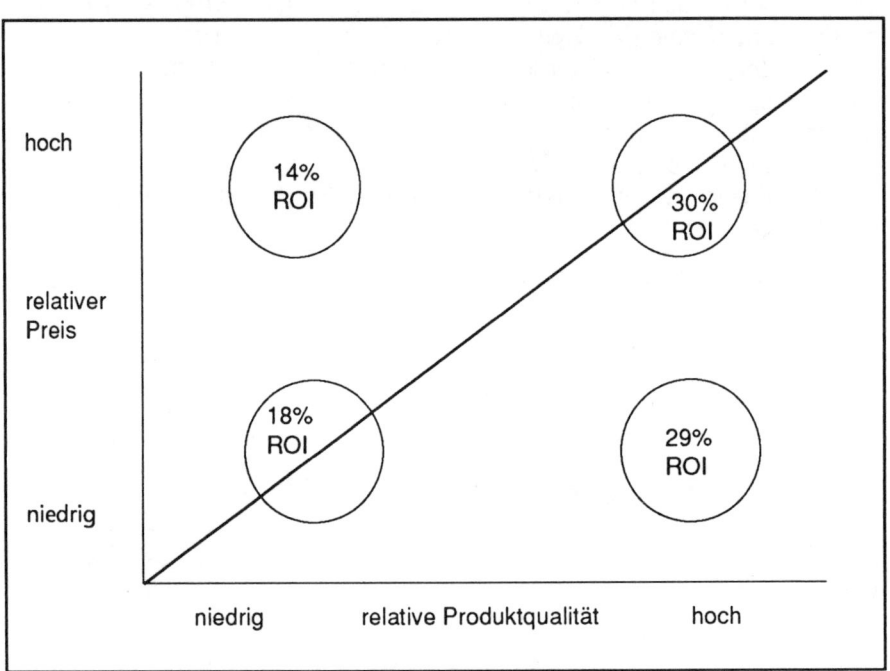

Bild 1.7 Return on investment (ROI) und Produktqualität

Um entsprechendes Wachstum zu erhalten, sind Qualitätsverbesserungen unabdingbar. Folgende Grundsätze sind dabei einzuhalten:

- Qualitätsverbesserungen fallen unter die Verantwortung des Managements.

- Konzentration auf die Bedürfnisse der Kunden.

- Wir unterscheiden externe und interne Kunden. Die Bedürfnisse beider Kundengruppen sind langfristig zu befriedigen.

- Zufriedene Kunden und motivierte, kreative Mitarbeiter garantieren den Unternehmenserfolg.

- Bei Qualitätsverbesserungen ist das gesamte Unternehmen zu betrachten.

- Hauptsächlich sind die Prozesse zu verbessern, die dann zu optimalen Produkten und zu optimalen Dienstleistungen führen.

Diese Grundsätze sind durch eine aktive Führung und mit Hilfe eines ganzheitlichen QM- Systems im Unternehmen zu verwirklichen. Sie führen über Qualitäts- und Produktivitätsverbesserungen zu reduzierten Kosten, zu Steigerungen des Marktanteiles, zur Erhaltung der Umwelt und zu ausreichender Beschäftigung (Bild 1.8).

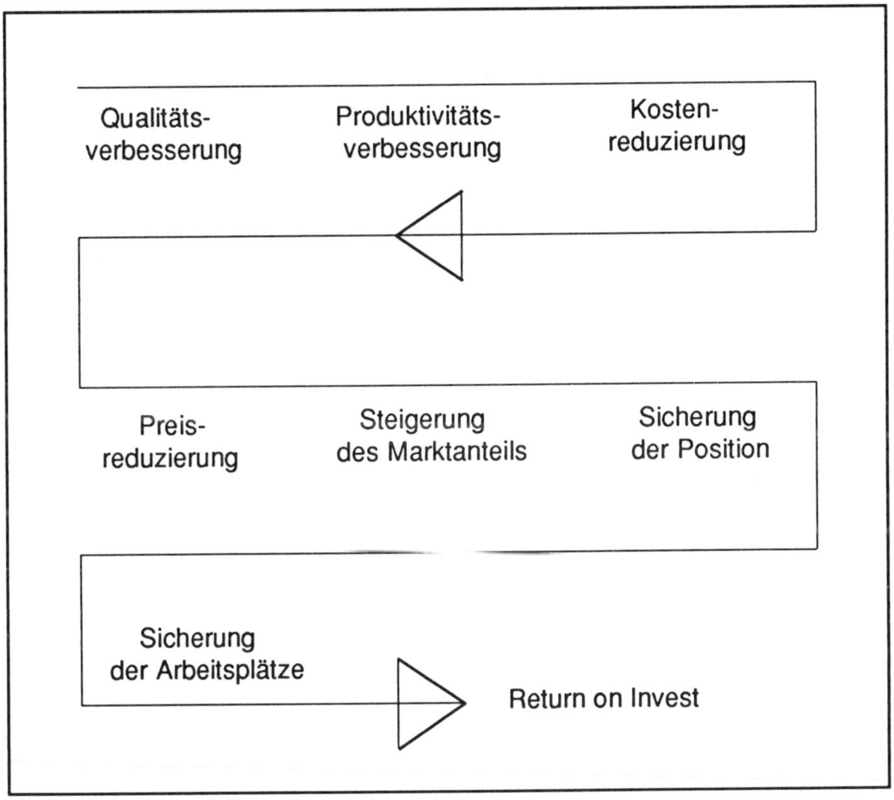

Qualitäts-
verbesserung   Produktivitäts-
                      verbesserung   Kosten-
                                             reduzierung

Preis-
reduzierung   Steigerung
                      des Marktanteils   Sicherung
                                             der Position

Sicherung
der Arbeitsplätze   Return on Invest

Bild 1.8 Qualitätsverbesserungen

Dadurch, daß alle Bereiche eines Unternehmens in die Qualitätsstrategie einbezogen werden, ist es möglich, daß alle Produkt- und Dienstleistungsmerkmale, die für die Kaufentscheidung der Kunden wichtig sind, optimiert werden (Bild 1.9).

Diese Merkmale sind zu kennzeichnen (kundenkritische Qualitätsmerkmale), durch Festlegung von Soll-Werten, Toleranzen und Meßbedingungen meßbar zu machen und durch beherrschte und qualitätsfähige Prozesse zu sichern.

Qualitätsmerkmale (Preise ausgenommen) Wichtige Kaufkriterien	Gewicht der Kriterien aus der Sicht der Kunden (%)	Beurteilung der Produkte der analysierten Geschäftseinheit		
		Höher	Gleich	Schlechter
Produktbezogene Merkmale	40%			
1 Image	5			5
2 Sortiment	10		10	
3 Abmessungsvielfalt	10			10
4 Mengenflexibilität	5		5	
5 Zuverlässigkeit	5		5	
6 Produktentwicklung	5			5
Dienstleistungsbezogene Merkmale	60%			
1 Administr. Abwicklung	15	15		
2 Kundenberatung	15		15	
3 Lieferzeit	10		10	
4 Termineinhaltung	10		10	
5 Gewährleistungen	5		5	
6 Finanzierung	5			5
Gesamte Qualität	100%	15	60	25

Bild 1.9 Kundenkritische Merkmale für Kaufentscheidungen

Bekanntlich steigen bei der Entwicklung von neuen Produkten die Qualitätsabweichungskosten von der Produktidee (Marketing) bis zur Marktreife (Kundendienst) überproportional an. Bei jedem Entwicklungsschritt sind für die
gleiche Abweichung, die beseitigt werden muß, Kostenerhöhungen um das
Zehnfache zu erwarten (Bild 1.10). Wirkungsvolles Projektmanagement und
effiziente Fehlerverhütung in den Planungs- und Entwicklungsbereichen führen deshalb zu deutlich reduzierten Kosten und Terminen. Dabei wird der
Imageverlust überhaupt nicht betrachtet, da er meistens nicht rechenbar ist. Er
spielt aber eine nicht zu unterschätzende Rolle.

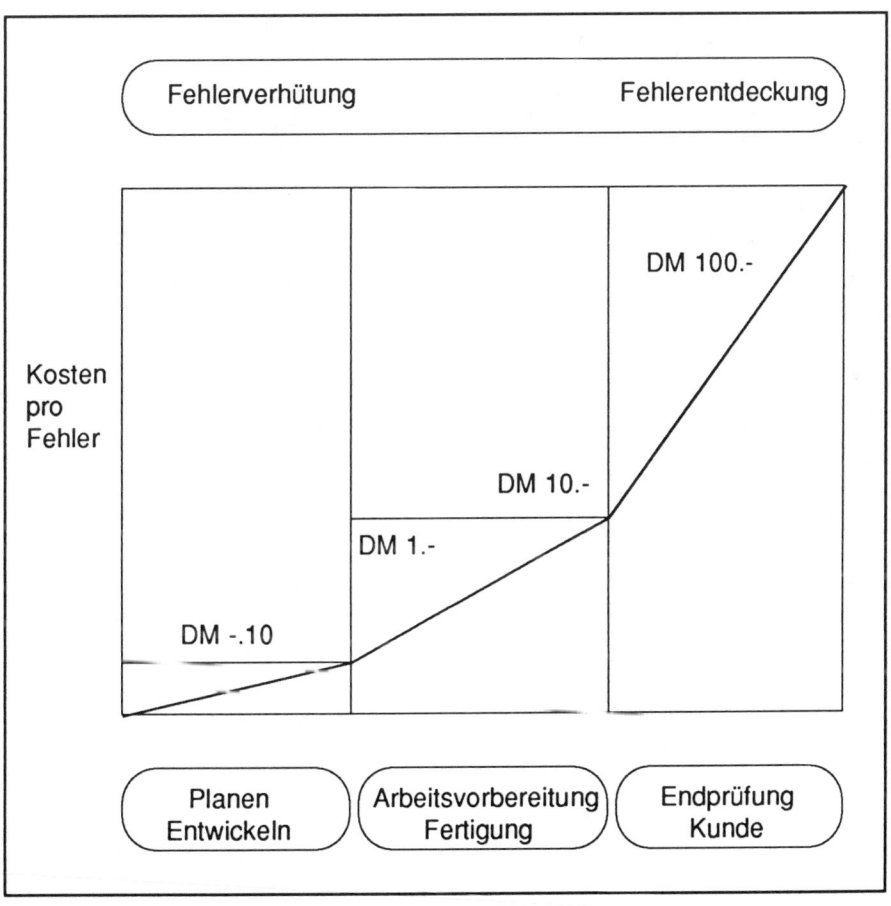

Bild 1.10 Zehnerregel der Qualitätsabweichungskosten

1.5   Wo stehen wir heute?

Das Qualitätsbewußtsein eines Unternehmens entwickelt sich von einer niedrigen zu einer höheren Stufe. Dementsprechend ist auch das Qualitätsmanagement in einem Unternehmen entwickelt (Bild 1.11).

① In der ersten Stufe erfolgt ein reiner Prüfbetrieb. Die Qualitätskosten sind unbekannt. Qualitätssicherung ist ein notwendiges Übel. Es wird das produziert, was Unternehmensvorstellungen entspricht. Kundenwünsche sind unbekannt.

② In der zweiten Stufe wird Qualität bereits gefertigt und die Qualitätskosten sind bekannt. Qualitätssicherung spielt sich immer noch in der Fertigung ab und ist ein Kostenproblem. Kundenreklamationen werden berücksichtigt.

③ In der dritten Stufe werden Kundenforderungen systematisch umgesetzt und Qualität als Managementaufgabe betrachtet. In der Fertigung existieren fähige und beherrschte Prozesse. Qualitätskosten dienen als Steuerungselement.

④ In der letzten Stufe schließlich umfassen die Qualitätsbetrachtungen das gesamte Unternehmen. Es gibt fehlerfreie und robuste Prozesse und eine ausgeprägte Qualitätskultur. Qualitätskosten sind strategische Zielgrößen und die Kunden-Lieferantenbeziehung wird im gesamten Unternehmen praktiziert.

Stufe	Kunde	Management	Q-Werkzeuge Methoden	Q-Kosten
Wissen	Interner Kunde im Unternehmen	Qualität ist Sache eines jeden im Unternehmen	Fehlervermeidung und robuste Prozesse	Q- Kosten sind strategische Zielgrößen
Durchführung	Kundenzufriedenheit als das Maß für die Qualität	Qualität ist Wettbewerbsfaktor u. Managementaufgabe	Fähige und beherrschte Prozesse	Q- Kosten sind Steuerungsinstrument
Einsicht Aufwachen	Qualität ist, wenn der Kunde zurückkommt und nicht das Produkt	Qualität ist Fertigungsaufgabe und Kostenproblem	Qualität muß gefertigt werden	Fehlerkosten werden erfaßt
Unsicherheit	Profit vor Kundenzufriedenheit	Qualität ist ein notwendiges Übel	Qualität wird sortiert	Q- Kosten sind unbekannt

Bild 1.11 Die vier Stufen der Qualität

2 Was sind die Schlüsselfaktoren eines Qualitäts-management-Systems?

2.1 Allgemeines

Obwohl in einem QM-System nach DIN ISO 9000 Führungselemente zur Überprüfung und Weiterentwicklung vorhanden sind, reicht das für die Erringung einer Qualitätskultur im Unternehmen nicht aus. Eine Erweiterung in Richtung Lean Production und Total Quality Management ist unbedingt erforderlich. Dazu muß die Unternehmensleitung konsequent führen, Politik und Strategie formulieren, Mitarbeiterführung praktizieren, mit Ressourcen sparsam umgehen und die Prozesse optimieren, um Mitarbeiterzufriedenheit, Kundenzufriedenheit, positive Auswirkung auf die Gesellschaft und gute Geschäftsergebnisse zu erzielen.

Total Quality Management wird nach DIN ISO 8402 wie folgt definiert :  "Auf die Mitwirkung aller ihrer Mitglieder beruhende Führungsmethode einer Organisation, die Qualität in den Mittelpunkt stellt und durch Zufriedenstellung der Kunden auf langfristigen Geschäftserfolg, sowie auf Nutzen für die Mitglieder der Organisation und für Gesellschaft zielt."

Lean Production ist die Optimierung von Wertschöpfungsprozessen und als Konsequenz die Eliminierung aller Strukturen und Prozesse, die nicht wertsteigernd sind. Systeme, welche zentrale Funktionen auf der Mitarbeiterebene, wie Arbeitsvorbereitung und Qualitätsprüfung, in operativen Gruppen integriert und somit enge Prozeßregelschleifen bewirken, spielen ebenso eine Rolle, wie durchgängiges Management durch Verdünnung der Unternehmenshierarchie.

2.2 Das Brixner Modell

Das **Brixner Modell** wurde in der Firma Durst Phototechnik AG in Brixen entwickelt und ist ein **ganzheitliches Qualitätsmanagement-System,** das über den Rahmen der DIN ISO 9001 hinausgeht (Bild 2.1), Lean Production mit einbezieht und in einem Total Quality Management mündet. Es stellt die

Kundenzufriedenheit in den Mittelpunkt und läßt die Schlüsselfaktoren Management, Qualitätsmanagement-System, Mitarbeiter und Prozesse dazu in Wechselwirkung treten. Kundenzufriedenheit tritt nur dann auf, wenn diese Faktoren harmonisch zusammenstimmen. Das wichtigste Gestaltungselement dazu ist die interdisziplinäre Teamarbeit. Dieses Führungssystem wird in Zukunft die wichtigste Rolle im Unternehmen spielen und die meisten Rationalisierungsreserven freisetzen.

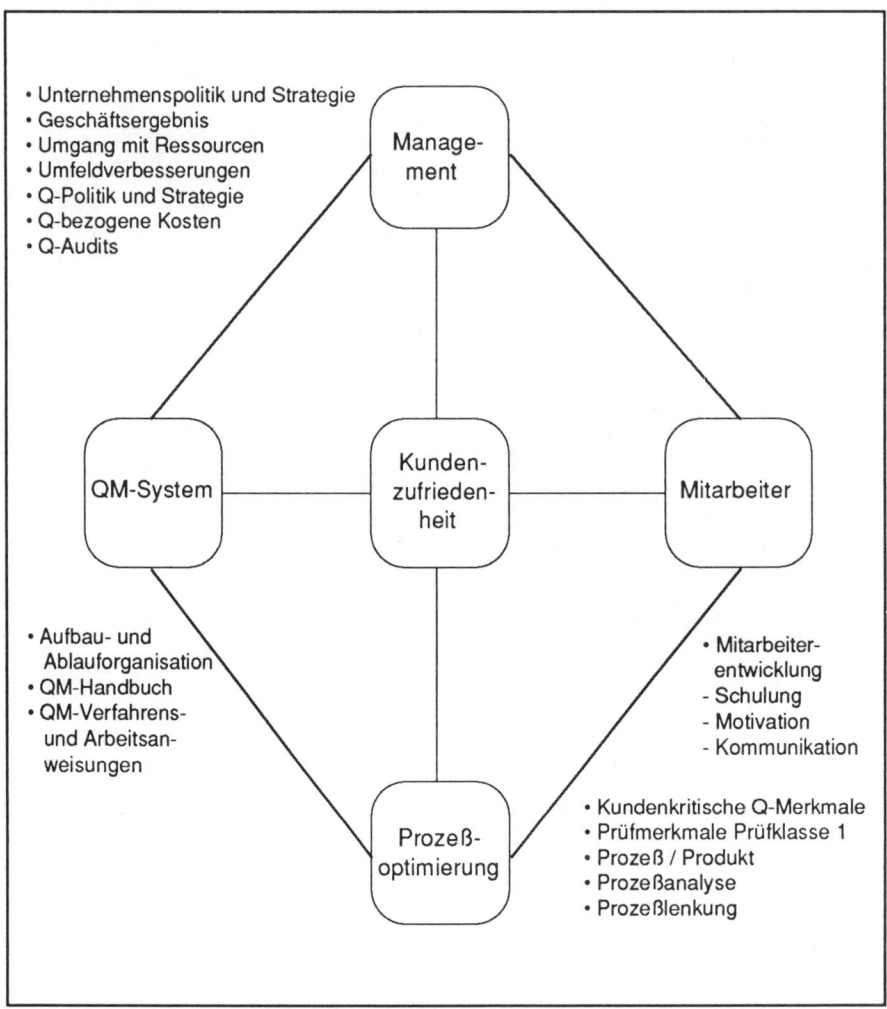

Bild 2.1 Brixner Modell, entwickelt bei Durst Phototechnik AG, Brixen

Management. Zu den Managementaufgaben gehören Entwicklung und Verfolgung von Unternehmenspolitik und entsprechender Strategien.

Weiterhin sind Corporate Identity ebenso enthalten, wie die Budgeterstellung und der quartalsmäßige Check, der Umgang mit Ressourcen (Finanzen, Informationen und Technologien), Organisationsgrundsätze (Führungssystem, Ziele und Funktionen der Hauptbereiche, ständige Ausschüsse), Fragen des Umweltschutzes, der Produktsicherheit und Produkthaftung, sowie die Festlegung der Qualitätspolitik und von Qualitätsstrategien.

Weiterhin gehören dazu die Aufbauorganisation und die Aufgaben des Qualitätsmanagements, die Betrachtung der qualitätsbezogenen Kosten, die Bewertung des Qualitätsmanagement-Systems durch die oberste Leitung, Qualitätsaudits und Steuerung des Qualitätsverbesserungsprozesses.

Es genügt nicht nur ein QM-System zu installieren, es ist auch der Qualitätsverbesserungsprozeß ständig in Gang zu halten. Dazu sind entsprechende Instrumente wie ein Qualitäts-Lenkungsausschuß, ein Qualitätscontroller und Qualitätsteams einzuführen und zu benutzen.

Qualitätsmanagement-System. Das Qualitätsmanagement-System beinhaltet alle Qualitätssicherungs-Elemente analog DIN ISO 9001 und entsprechende Erweiterungen, die im Qualitätsmanagement-Handbuch, sowie in Verfahrens- und Arbeitsanweisungen beschrieben sind.

Die Erweiterungen des Systems beziehen sich auf die Produktsicherheit und die Haftung, den Umweltschutz, auf Total Quality Management und alle Dienstleistungen im Unternehmen, die nicht in DIN ISO 9001 beschrieben sind und im ganzheitlichen QM-System behandelt werden.

Mitarbeiter. Die Zielsetzung Kundenzufriedenheit bezieht sich auch auf die internen Kunden, auf die Mitarbeiter des Unternehmens. Zu diesem Zweck ist Mitarbeiterentwicklung und Schulung zu betreiben. Die Motivation ist ständig zu beachten, sowie die laufende Kommunikation.

Dazu sind Prämienlohnsysteme mit einer Qualitätskomponente förderlich, ebenso die Einführung eines Führungssystems, die Bekanntmachung in Führungsanweisungen und die Festlegung der Mitarbeiterfunktionen in Arbeitsplatzbeschreibungen und deren laufende Überprüfung.

Selbstprüfersysteme führen Drittprüfungen (Prüfungen durch fremde Bearbeiter) direkt zum Bearbeiter und optimieren somit die Prozeßregelung.

Ein betriebliches Vorschlagswesen ist für laufende Prozeßverbesserungen genauso geeignet, wie interne Kundenbefragungen mit anschließenden Korrekturmaßnahmen.

Das Management muß interdisziplinäre Teamarbeit einführen und ständig weiterentwickeln. Dazu ist ständiges Training für sämtliche Teammitglieder unabdingbar, damit dieser ungewohnte Prozeß in Gang kommt.

Prozesse. Wir haben bereits festgestellt, daß Qualitätsmanagement Prozeßmanagement ist und daß laufende Verbesserungen im Unternehmen im Sinne von Total Quality Management stattfinden müssen.

Dabei werden alle Mitarbeiter miteinbezogen, wichtig ist aber, daß das Mittelmanagement motiviert ist und als Qualitätsmittler dient.

Kundenbezogene Produktmerkmale und Merkmale von Dienstleistungen sind zu ermitteln (kundenkritische Qualitätsmerkmale), in Prüfmerkmale durch Beifügen von Soll-Werten, Toleranzen und Prüfbedingungen umzuwandeln und zu kennzeichnen (Prüfklasse 1).

Prozesse sind genauso wie Produkte zu behanden. Kritische Prozeßmerkmale sind zu ermitteln, mit Prüfklasse 1 zu belegen, damit sie prüfbar werden und durch Analyse und Lenkung beherrschbar und qualitätsfähig zu machen.

Nach der Pareto-Regel, die besagt, daß 20% der Ereignisse 80% der Ergebnisse bewirken, ist der Anteil der kritischen Qualitätsmerkmale an den Gesamtmerkmalen für Prozesse, Produkte und Dienstleistungen klein.

Ein funktionierendes Qualitätsmanagement-System sichert
die Erfüllung kundenkritischer Qualitätsmerkmale am Produkt,
an der Dienstleistung und am Prozeß.

Bei unseren Bemühungen sind neben der Qualität die Kosten, die Wertsteigerung und die Termine ständig zu beachten.

Qualitätserfüllung schließt Kosten- u. Terminerfüllungen,
sowie Wertsteigerung mit ein.

2.3 Qualitätskreis für Produkte

Ein Qualitätsmanagement-System bezieht sich auf alle Qualitätselemente, das sind Hauptabteilungen oder auch Hauptaktivitäten, die im Qualitätskreis eines

Unternehmens nacheinander angeordnet sind. Die Schlüsselelemente sind Marketing und Verkauf, Entwicklung, Beschaffung, Arbeitsvorbereitung, Produktion und Kundendienst.

Die Qualitätselemente Marketing und Entwicklung sind besonders wichtig für das Bestimmen und Festlegen der Kundenforderungen und Produktmerkmale, sowie der Konzeptbereitstellung zur Realisierung der Produkte nach festgelegten Spezifikationen zu optimalen Kosten und Terminen.

Das ist deshalb so wichtig, weil in dieser Phase bereits der Erfolg oder auch Mißerfolg (Kundenzufriedenheit), die Wirtschaftlichkeit (Erreichung der Unternehmensziele) und die Zufriedenstellung der Gesetzgeberforderungen entschieden werden.

Alle Aktivitäten in den nachgelagerten Bereichen Beschaffung, Arbeitsvorbereitung, Produktion und Kundendienst können nur obige Bemühungen unterstützen, niemals aber entscheidend beeinflussen (Bild 2.2).

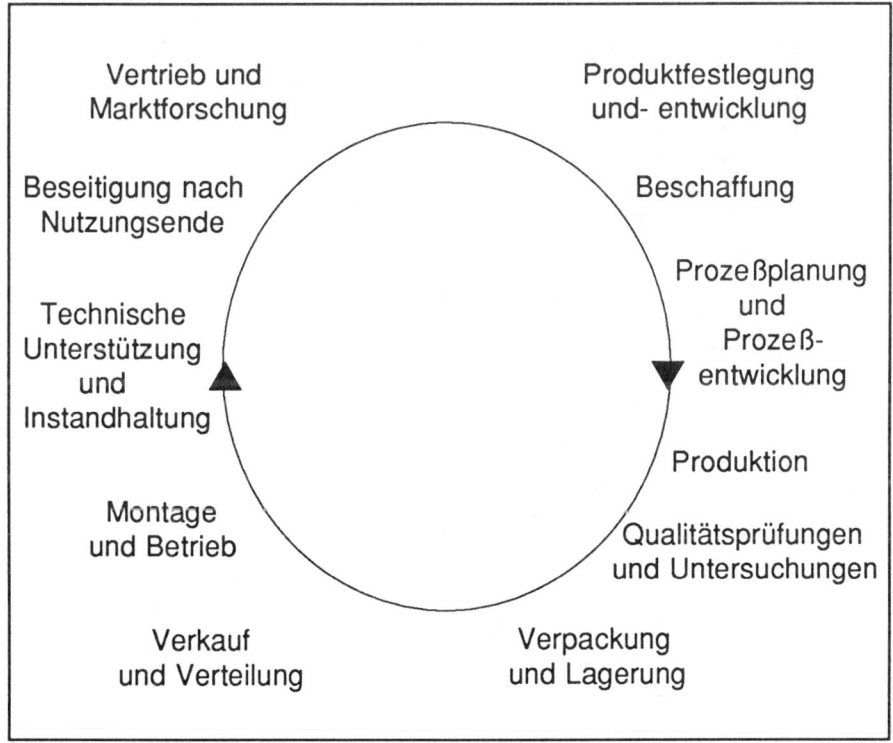

Bild 2.2 Qualitätskreis für Produkte

2.4 Qualitätskreis für Dienstleistungen

Der Dienstleistungsqualitätskreis besteht aus dem Kunden, der Dienstleistungsorganisation und aus der Schnittstelle zwischen beiden.

Innerhalb der Dienstleistungsorganisation findet nach dem Marketingprozeß, welcher die Dienstleistung beschreibt, der Designprozeß zur Leistungserstellung statt. Dazu gehören die Spezifikationen für die gegenständliche Dienstleistung, für die Erbringung der Dienstleistung (Dienstleistungslieferungsprozeß) und für die Qualitätslenkung. Der Prozeß des Erbringens der Dienstleistung schließt sich als wichtigstes Bindeglied an.

Nach der Erbringung der Dienstleistung muß eine Beurteilung der Leistungen durch den Lieferanten stattfinden, die neben der Beurteilung durch den Kunden über entsprechende Fehleranalysen zu Verbesserungen der Leistung führen sollte (Bild 2.3)

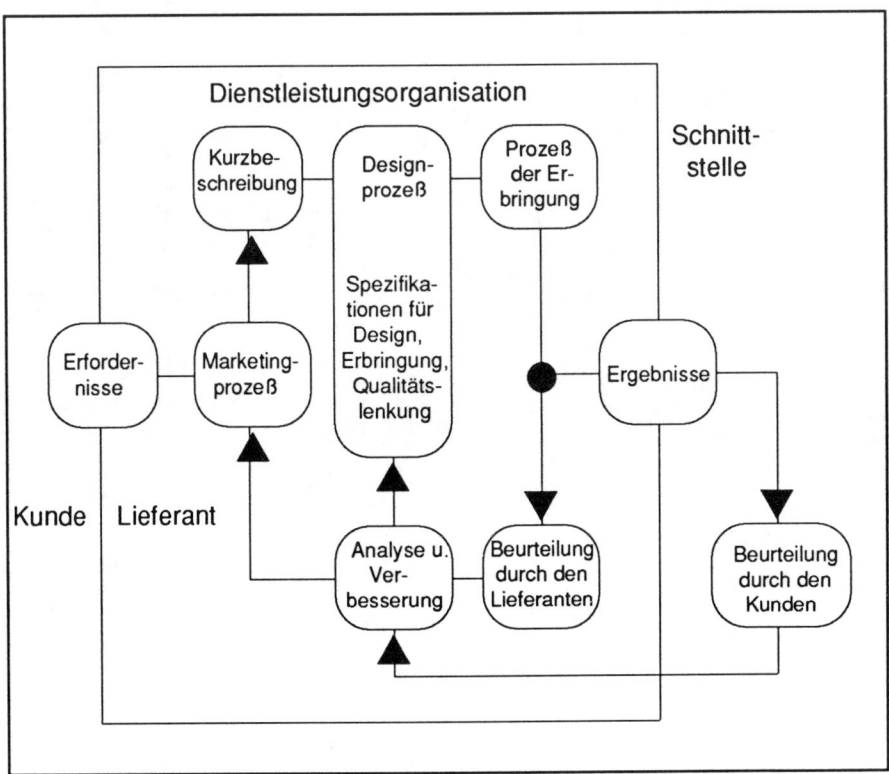

Bild 2.3 Dienstleistungs-Qualitätskreis

3 Wie ist ein Qualitätsmanagement-System strukturiert?

3.1 Regelwerke (Normen)

Die wesentlichen Normen für das Qualitätsmanagement und für Qualitätsmanagement-Systeme im Unternehmen sind:
DIN ISO 9000
Qualitätsmanagement und Qualitätssicherungsnormen; Leitfaden zur Auswahl und Anwendung.
DIN ISO 9000 Teil 2
Qualitätsmanagement und Qualitätssicherungsnormen; Allgemeiner Leitfaden zur Anwendung von ISO 9001, ISO 9002 und ISO 9003.
DIN ISO 9001
Qualitätssicherungssysteme; Modell zur Darlegung der Qualitätssicherung in Design/Entwicklung, Produktion, Montage und Kundendienst.
DIN ISO 9002
Qualitätssicherungssysteme; Modell zur Darlegung der Qualitätssicherung in Produktion und Montage.
DIN ISO 9003
Qualitätssicherungssysteme; Modell zur Darlegung der Qualitätssicherung bei der Endprüfung.
DIN ISO 9004
Qualitätsmanagement und Elemente eines Qualitätssicherungssystems; Leitfaden.
DIN ISO 9004 Teil 2
Qualitätsmanagement und Elemente eines Qualitätssicherungssystems; Leitfaden für Dienstleistungen.
In der Zwischenzeit sind Normenänderungen als neue Entwürfe veröffentlicht. Die wichtigsten Änderungen sind: E DIN ISO 9001 - Verhütungsmaßnahmen auch für Prozesse und QM-System, Einführung von Verfahrensanweisungen, ausführliche Gestaltung der Vertragsprüfung, Trennung der Statistischen Methoden in Planung und Ausführung. E DIN ISO 9002 - QM-Element Kunden-

dienst neu, gleiche Gliederungsnummern für QM-Elemente wie E DIN ISO 9001. E DIN ISO 9003 - QM-Elemente Vertragsüberprüfung, Lenkung der vom Kunden beigestellten Produkte, Korrekturmaßnahmen und interne Qualitätsaudits neu.

DIN ISO 9000 klärt die Zusammenhänge zwischen den Grundbegriffen des Qualitätsmanagements und gibt eine Anleitung zur Auswahl (Bild 3.1). Elemente in Klammer gelten für Normentwürfe.

Abschnittsnummern in ISO 9000	Titel	Elemente in Norm vorhanden		
		ISO 9001	ISO 9002	ISO 9003
4	Verantwortung der obersten Leitung	•	•	•
5	Qualitätsmanagement-System	•	•	•
5.4	Interne Qualitätsaudits	•	•	(•)
6	Wirtschaftlichkeit-Qualitätskosten			
7	Vertragsüberprüfung	•	•	(•)
8	Designlenkung	•		
9	Beschaffung	•	•	
10	Prozeßplanung	•	•	
11	Prozeßlenkung	•	•	
11.2	Identifikation und Rückverfolgbarkeit	•	•	•
11.7	Prüfstatus	•	•	•
12	Prüfungen	•	•	•
13	Prüfmittel	•	•	•
14	Lenkung fehlerhafter Produkte	•	•	•
15	Korrekturmaßnahmen	•	•	(•)
16	Handhabung,Lagerung,Verpackung,Versand	•	•	•
16.2	Kundendienst	•	(•)	
17	Lenkung der Dokumente	•	•	•
17.3	Qualitätsaufzeichnungen	•	•	•
18	Schulung	•	•	•
19	Produktsicherheit und Produkthaftung			
20	Statistische Methoden	•	•	•
-	Vom Auftraggeber beigestellte Produkte	•	•	(•)

Bild 3.1 Vergleichsmatrix der QM-Elemente

DIN ISO 9004   stellt die Gesamtheit der Managementaufgaben und QM-Elemente dar und formuliert die Anforderungen. Es enthält Empfehlungen zum Aufbau eines Qualitätsmanagement-Systems.

DIN ISO 9001 bis 9003 sind Modelle für Qualitätsmanagement-Systeme, gestaffelt nach der Fertigungstiefe eines Unternehmens. Diese Modelle sind beim Aufbau eines Qualitätsmanagement-Systems anzuwenden und können auch von einer unabhängigen Stelle zertifiziert werden. Daher ist es generell sinnvoll, ein Unternehmen baut ein firmenspezifisches System analog der Normen DIN ISO 9001 bis 9003 auf.

Qualitätsmanagement-Systeme sind analog den
Unternehmensanforderungen aufzubauen.
DIN ISO 9001 bis 9003 haben Modellcharakter.

3.2 Qualitätsmanagement-Handbuch

In einem Qualitätsmanagement-Handbuch wird das gesamte System beschrieben, das im Unternehmen zur Anwendung kommt. In der Folge wird ein ganzheitliches (erweitertes) System nach DIN ISO 9001 vorgestellt (Bild 3.2):

Kapitel	QM- Handbuch (Inhaltsverzeichnis)	Zustand
1.0	Verantwortung der obersten Leitung	erweitert
2.0	Qualitätsmanagement-System	erweitert
3.0	Marketing und Verkauf (Vertragsüberprüfung)	erweitert
4.0	Designlenkung	-
5.0	Lenkung der Dokumente	-
6.0	Beschaffung	-
7.0	Vom Auftraggeber beigestellte Produkte	-
8.0	Identifikation und Rückverfolgbarkeit von Produkten	-
9.0	Prozeßlenkung	-
10.0	Prüfungen	-
11.0	Prüfmittel	-
12.0	Prüfstatus	-
13.0	Lenkung fehlerhafter Produkte	-

Kapitel	QM-Handbuch (Inhaltsverzeichnis)	Zustand
14.0	Korrekturmaßnahmen	-
15.0	Handhabung, Lagerung, Verpackung und Versand	-
16.0	Qualitätsaufzeichnungen	-
17.0	Interne Qualitätsaudits	-
18.0	Mitarbeiterentwicklung (Schulung)	erweitert
19.0	Kundendienst	-
20.0	Prozeßoptimierung (Statistische Methoden)	erweitert
21.0	Umweltschutz	neu
22.0	Produktsicherheit und Produkthaftung	neu
23.0	Dienstleistung	neu
	(Texte in Klammer sind Originaltexte der Norm)	

Bild 3.2   Ganzheitliches QM-System nach DIN ISO 9001

Neue und erweiterte Kapitel im ganzheitlichen Qualitätsmanagement-System weisen folgende neue Inhalte auf:

Kapitel 1.0 Verantwortung der obersten Leitung. Unternehmenspolitik und Strategie, Ressourcen, lang-, mittel- und kurzfristige Unternehmensplanungen und entsprechende Überprüfungen. Organisations- und Führungsgrundsätze, qualitätsbezogene Kosten, Steuerung des Qualitätsverbesserungsprozesses.

Kapitel 2.0 Qualitätsmanagement-System. Grundsätze zum System.

Kapitel 3.0 Marketing und Verkauf (Vertragsüberprüfung). Ganzheitliche Betrachtung der Kundenzufriedenheit.

Kapitel 18.0 Mitarbeiterentwicklung (Schulung). Erweiterung der Schulung durch Entwicklung, Motivation, Kommunikation.

Kapitel 20.0 Prozeßoptimierung (Statistische Methoden). Einführung von Total Quality Management unter Bezugnahme der Kriterien des "European Quality Award."

Kapitel 21.0 Umweltschutz. Verantwortung, Aufgaben und Abläufe für die Entsorgung schädlicher Stoffe.

Kapitel 22.0 Produktsicherheit und Produkthaftung. Verhinderung von Produktfehlern, die zu Personen- oder Sachschäden führen. Produktkennzeichnung mit dem CE-Kennzeichen.

Kapitel 23.0 Dienstleistung. In diesem Kapitel werden alle diejenigen Dienstleistungsabteilungen eines Unternehmens aufgenommen, die im Handbuch keine Erwähnung gefunden haben (z.B. Rechnungswesen, EDV- Abteilung).

Die dargestellten Qualitätsmanagement-Elemente gliedern sich in Führungs-
und Ablaufelemente. Führungselemente sind:

Kapitel	Führungselemente
1	Verantwortung der obersten Leitung
2	Qualitätsmanagement-System
14	Korrekturmaßnahmen
17	Interne Qualitätsaudits
18	Mitarbeiterentwicklung (Schulung)
20	Prozeßoptimierung (Statistische Methoden)

Bild 3.3 Führungselemente

Ablaufelemente teilen sich in phasenspezifische und phasenübergreifende
Elemente auf. Phasenspezifische Elemente beziehen sich auf eine Abteilung,
z.B. die Entwicklungsabteilung. Phasenübergreifende Elemente kommen in
mehreren Abteilungen zur Anwendung, z.B. Dokumentation.

Kapitel	Phasenspezifische Ablaufelemente
3	Marketing und Verkauf (Vertragsüberprüfung)
4	Designlenkung
6	Beschaffung
9	Prozeßlenkung
19	Kundendienst
23	Dienstleistung

Kapitel	Phasenübergreifende Ablaufelemente
5	Lenkung der Dokumente
4	Vom Auftraggeber beigestellte Produkte
8	Identifikation und Rückverfolgbarkeit von Produkten
10	Prüfungen

Kapitel	Phasenübergreifende Elemente
11	Prüfmittel
12	Prüfstatus
13	Lenkung fehlerhafter Produkte
15	Handhabung, Lagerung, Verpackung und Versand
16	Qualitätsaufzeichnungen
21	Umweltschutz
23	Produktsicherheit und Produkthaftung

Bild 3.4 Ablaufelemente

Damit eine einheitliche Fassung eines QM-Handbuches erzielt wird, ist jedes der oben beschriebenen Kapitel in seinem Inhalt einheitlich zu gliedern.

Gliederung des Inhalts
1. Ziel und Zweck
2. Geltungsbereich
3. Zuständigkeiten
4. Begriffe
5. Abläufe und Beschreibungen
6. Verbindliche Anschlußdokumente QM-Verfahrens- und Arbeitsanweisungen

Bild 3.5 Inhaltsgliederung QM-Kapitel

Beschreibung der Inhaltsgliederung
1. Ziel und Zweck. Hier werden Ziel und Zweck der Qualitätsmanagement-Elemente zur Qualitätssicherung im eigenen Unternehmen beschrieben.
2. Geltungsbereich. Der Geltungsbereich legt Bereiche oder Produkte fest, für die das Qualitätsmanagement-Element anwendbar ist.
3. Zuständigkeiten. Zuständigkeiten sind wichtige Regelungen innerhalb des

Systems. Für alle Aufgaben sind die Zuständigkeiten zu ermitteln und festzu-
schreiben. Zuständigkeiten der einzelnen Kapitel des QM-Systems werden
zweckmäßig im 1. Kapitel "Verantwortung der obersten Leitung" in einer
Matrix (siehe Seite 43) zusammengefaßt.
4. Begriffe. Begriffe sind, soweit sie nicht Allgemeingut sind, zu definieren.
5. Abläufe und Beschreibung. Unter diesem Punkt wird der gesamte Inhalt
des Kapitels beschrieben. Prozesse werden durch Ablaufdiagramme mit Verantwortlichkeiten und Schnittstellen dargestellt.
6. Verbindliche Anschlußdokumente. Zum Schluß des Kapitels sind die Titel
der verbindlichen Anschlußdokumente aufzuführen. In der Regel handelt es
sich hier um Verfahrens- und Arbeitsanweisungen. Diese ins Detail gehenden
Regelungen des Unternehmens beschreiben das "Wie" der einzelnen QM-
Elemente. Dabei sind Verfahrensanweisungen abteilungsübergreifend und in
ihrem Inhalt geregelt.

Gliederung der Verfahrensanweisung

1. Ziel und Zweck
2. Geltungsbereich
3. Zuständigkeiten
4. Begriffe
5. Abläufe und Beschreibung
6. Anlagen
7. Verteiler

Bild 3.6   Inhaltsgliederung Verfahrensanweisung

Arbeitsanweisungen hingegen sind abteilungsbezogen und in ihrem Inhalt frei.
Verfahrens- und Arbeitsanweisungen sind Dokumente und sind dementsprechend zu handhaben (siehe auch Fachbuchkapitel 6.4 Dokumentation).

4 Wie führt man ein Qualitätsmanagement-System ein?

4.1 Neues Qualitätsdenken

Folgendes neues Qualitätsdenken muß als Konzept eines Qualitätsmanagements akzeptiert werden:

Def. "Qualität" ist der Erfüllungsgrad von Kundenanforderungen.

Die Anforderungen müssen in "kundenkritische Qualitätsmerkmale" umgewandelt werden.

Für die Erfüllung sind beherrschte, qualitätsfähige und robuste Prozesse erforderlich, die eine Wertschöpfung erbringen.

Die Anforderungen beziehen sich auf alle Produkte und alle Dienstleistungen.

Prozesse umfassen alle Produktionsverfahren und alle Geschäftsabläufe.

Kunden sind alle externen und alle internen Auftraggeber und stehen im Mittelpunkt der Betrachtung.

Es sind alle Mitarbeiter im Unternehmen betroffen. Sie sind zu schulen und zu motivieren.

Das Management trägt die Qualitätsverantwortung.

Management Managementverfahren sind Qualitätsplanung, Qualitätsprüfung, Qualitätslenkung und Qualitätsverbesserung.

Am Ende des Qualitätsprozesses im Unternehmen muß eine Qualitätskultur
herrschen, die eine Prozeßumkehrung unmöglich macht und zu laufenden
Qualitätsverbesserungen führt (Bild 4.1).

Bild 4.1 Neues Qualitätsdenken

4.2 Einführung eines Systems

Die Einführung eines Qualitätsmanagement-Systems wird in sechs Schritten vorgenommen (Bild 4.2).

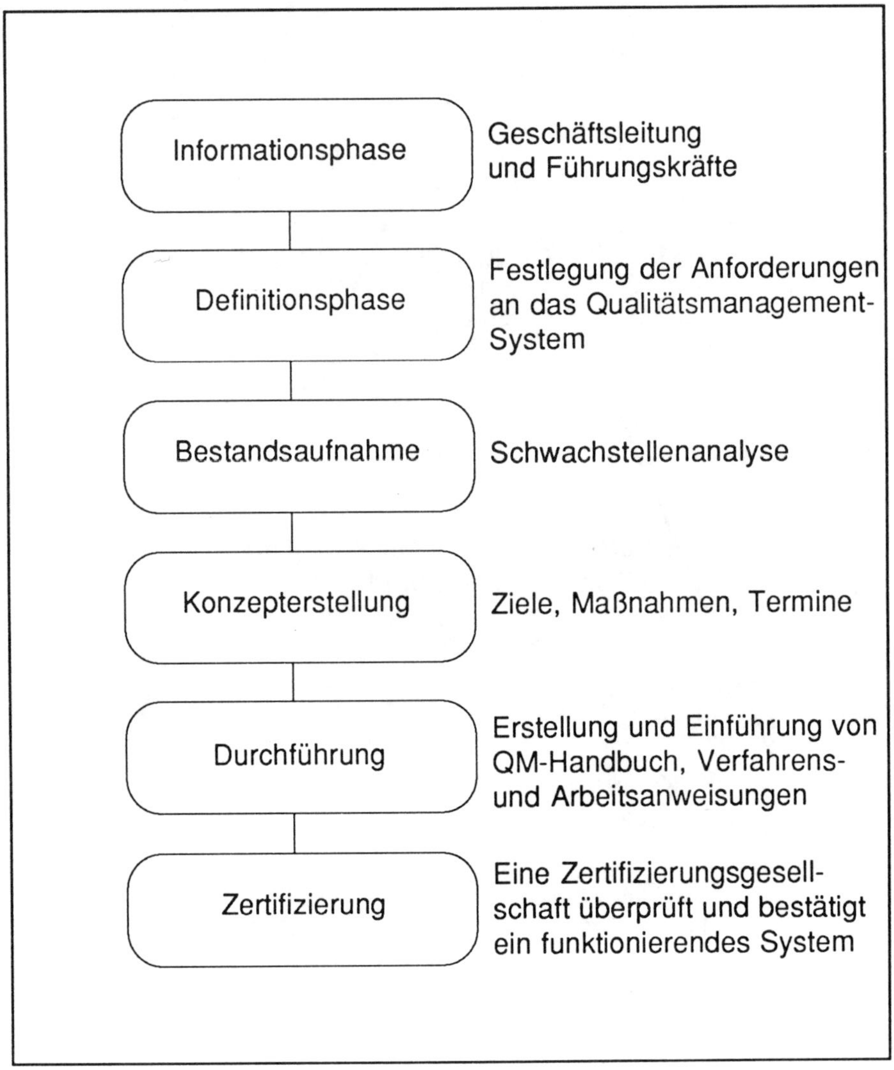

Informationsphase	Geschäftsleitung und Führungskräfte
Definitionsphase	Festlegung der Anforderungen an das Qualitätsmanagement-System
Bestandsaufnahme	Schwachstellenanalyse
Konzepterstellung	Ziele, Maßnahmen, Termine
Durchführung	Erstellung und Einführung von QM-Handbuch, Verfahrens- und Arbeitsanweisungen
Zertifizierung	Eine Zertifizierungsgesellschaft überprüft und bestätigt ein funktionierendes System

Bild 4.2 Einführung eines QM-Systems

Bei der Einführung eines QM-Systems ist generell zu beachten, daß nach der Systemeinführung ein Qualitätsprozeß im Unternehmen stattfinden muß, der zur Erfüllung der Anforderungen notwendig ist und zu einer Qualitätskultur führen soll.

Alle Elemente zur Funktion dieses Qualitätsprozesses müssen bereits im QM-System integriert werden.

Nur ein ganzheitliches QM-System ist die Grundlage für eine Qualitätskultur.

4.2.1 Informationsphase

Vor Einführung eines QM-Systems muß sich das Management in jedem Unternehmen darüber im klaren sein, daß dazu nicht nur beträchtliche finanzielle Mittel zur Beratung und Zertifizierung aufzubringen sind, sondern besonders im Unternehmen selbst die zeitlichen Aufwendungen sehr groß sind. Der Idealfall ist sicher, wenn entsprechende Mitarbeiter für diese Aufgabe zumindest zeitweise freigestellt werden. Da das aber nicht immer möglich ist, sind die Aufgaben auch wegen der Akzeptanz im Unternehmen möglichst an viele Mitarbeiter zu verteilen. Das Management trägt nicht nur die Verantwortung, sondern muß auch aktiv am System mitarbeiten. Eine Schlüsselfunktion im Unternehmen hat sicher das Mittelmanagement, das als Mittler zwischen der Leitung und der Belegschaft fungieren muß. Das heißt, diese Mitarbeiter sind am Anfang zu schulen und auf ihre Aufgaben vorzubereiten.

Motivierte Mitarbeiter sind unabdingbar. Man kann zwar auch mit geringer Motivation ein QM-System einführen, aber zum Erreichen einer Qualitätskultur ist höchste Motivation eine Voraussetzung. Das ist vor Einführung eines Systems sicherzustellen. Das Klima in einem Unternehmen sollte stimmen.

Qualitätsaufwendungen sind als Investition zu betrachten, wobei der Kostennachweis für bestimmte Erfolgsfaktoren des Unternehmens (z.B. Image) oft nicht möglich ist. Langfristig ist aber eine Verringerung der Qualitätskosten zu erreichen.

Außerdem ist zu beachten, daß der Qualitätsverbesserungsprozeß nicht unterbrochen werden darf. Einmal angefangene Maßnahmen sind fortzuführen, da ein Neuanfang kurzfristig unmöglich ist.

Vor Startbeginn sind **Informationen** aus Literatur und Seminaren einzuholen. Sehr hilfreich ist ein Seminar im eigenen Unternehmen eines externen Beraters oder Qualitätsleiters, der über seine Erfahrungen bei der Einführung eines QM-Systems vor dem Management des Unternehmens berichtet und auch nach einer Unternehmensbesichtigung die Situation von Zeitaufwendungen und Kosten zumindest im groben Rahmen abklären kann. Nach dieser Einführung ist im Unternehmen über das weitere Vorgehen zu beraten.

Den Startschuß gibt die Geschäftsleitung mit dem Entschluß, ein QM-System einzuführen. Es ist ein **Verantwortlicher der Geschäftsleitung** (Qualitätsbeauftragter) zu ernennen, der die die Führung übernimmt.

Es wird eine **Steuerungsgruppe aus dem Top-Management** gebildet, der auch der Personalleiter und der Qualitätsleiter angehören soll. Diese Steuerungsgruppe, man nennt sie vielerorts auch Qualitäts-Lenkungsausschuß (QLA), hat in Sachen Qualität zu agieren und später auch den Qualitätsverbesserungsprozeß im Rahmen des Qualitätsmanagements voranzutreiben.

Bei der Einführung eines QM-Systems kann es förderlich sein, sich die Zustimmung und Mitarbeit des Betriebsrates zu sichern.

Ein QM-System ist in einer **Projektorganisation** zu realisieren (Bild 4.3). **Projektleiter** wird der Verantwortliche der Geschäftsleitung oder der Qualitätsleiter. Wird der Qualitätsleiter beauftragt, so ist er dem Verantwortlichen der Geschäftsleitung zu unterstellen. Der Qualitätsleiter sollte nach Projektabschluß als Qualitätscontroller des Unternehmens fungieren.

Der **Qualitätscontroller** hat im Unternehmen in Sachen Qualität die Hauptarbeit zu leisten. Generell ist er für das QM-System zuständig. Da das System aber das gesamte Unternehmen mit allen Mitarbeitern umfaßt, ist sein Aufgabengebiet entsprechend weit gefaßt. Dementsprechend muß auch seine Ausbildung sein. Sie ist nicht nur fachspezifisch orientiert, sondern umfaßt auch Betriebswirtschaft, Zusammenarbeit und Führung.

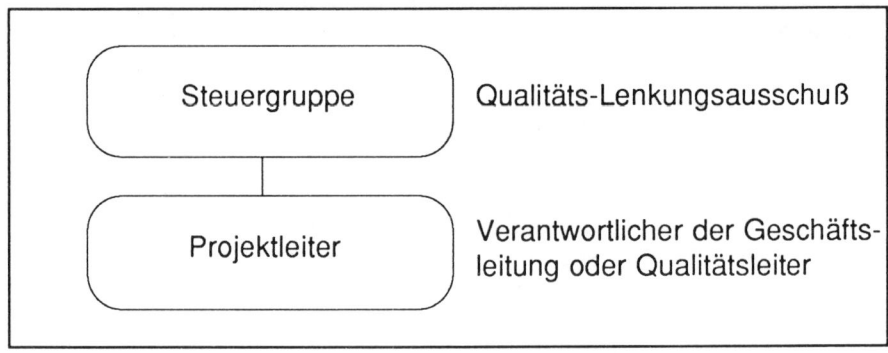

Bild 4.3 Projektorganisation Informationsphase

4.2.2 Definitionsphase

Spätestens in der Definitionsphase ist das Hinzuziehen eines externen Beraters hilfreich. Dabei ist darauf zu achten, daß ein Qualitätsfachmann engagiert wird, der derartige Systeme bereits eingeführt hat. Dieser Berater soll nur seinem Namen nach agieren. Er soll weder das QM-Buch schreiben, noch in der Projektorganisation aktiv mitarbeiten. Er hat das Unternehmen zielstrebig auf die Einführung eines QM-Systems und später in den Prozeß der laufenden Qualitätsverbesserungen hinzuführen.

QM-Systemberatung ist Zeit- und Fachcontrolling,
sowie Schulung.

Der Berater führt konsequentes Zeitcontrolling durch. Das Zeitcontrolling läßt sich allerdings nur ausüben, wenn das Unternehmen den Willen hat, zielstrebig zu arbeiten und die notwendigen Mitarbeiter und Mittel bereitstellt. Ferner sind vom Berater Schulungen auf den Gebieten des Qualitätsmanagements und der Teamarbeit anzubieten.

Von folgenden Personen sind anschließende Planungen und Ausführungen erforderlich:

Verantwortlicher der Geschäftsleitung (Qualitätsbeauftragter)

- Die Qualitätspolitik ist von der Geschäftsleitung in Übereinstimmung mit der Unternehmenspolitik zu fixieren.

- Qualitätsziele sind zu definieren.

- Qualitätsbezogene Kosten sind zu ermitteln.

- Das Kapitel 1.0 Verantwortung der obersten Leitung im QM-Handbuch wird bearbeitet (Siehe Fachbuchkapitel 5:"Welche Aufgaben hat das Management?"). Dabei ist die gesamte Organisationsstruktur des Unternehmens zu straffen (Lean-Production).

Projektleiter

* Unter Berücksichtigung der Qualitätspolitik, der Qualitätsziele und der qualitätsbezogenen Kosten sind die Anforderungen an ein QM-System zu definieren. Dazu wird das Kapitel 2.0 "Qualitätsmanagement-System" im QM-System bearbeitet (siehe auch Fachbuchkapitel 6.1 Qualitätsmanagement-System).

* Ein vorläufiger Zeit- und Kostenplan ist zu erstellen.

* Das Kapitel 17.0 "Interne Qualitätsaudits" im QM-Handbuch ist zu erarbeiten (siehe auch Fachbuchkapitel 6.16).

Der Umfang der Projektarbeit im Unternehmen ist davon abhängig, wieviele QM-Elemente im Unternehmen bereits vorhanden sind. Genauere Angaben dazu sind erst nach der Bestandsaufnahme möglich.

Die Erstellung eines QM-Handbuches dauert ca. 1 Jahr, die Verwirklichung des Gesamtkonzeptes 2 Jahre. Dabei spielt nicht die Unternehmensgröße eine Rolle, sondern die bereits vorhandenen Qualitätselemente und die Komplexität der erzeugten Produkte und Dienstleistungen.

Bis eine entsprechende Qualitätskultur im Unternehmen vorhanden ist, sind weitere 2-3 Jahre zu planen.

Es ist aber generell davon auszugehen, daß in jedem Unternehmen eine Qualitätskultur vorhanden ist. Der Grad der Ausprägung ist sicher verschieden.

4.2.3 Bestandsaufnahme

Mittels eines **Systemaudits**, das zweckmäßig von einer externen Stelle durchgeführt wird, sind die Schwachstellen des Unternehmens festzustellen. Als Grundlage dient das bereits erarbeitete Kapitel 17.0 "Interne Qualitätsaudits".

Der Qualitätscontroller des Unternehmens, der später ja selbst diese Audits durchführen muß, nimmt daran teil.

Diese Bestandsaufnahme ist vom Auditorenteam dem Qualitäts-Lenkungsausschuß zu präsentieren.

4.2.4 Konzepterstellung

Auf der Grundlage der Bestandsaufnahme wird vom **Projektleiter** ein Konzept erstellt. Dieses Konzept beinhaltet Maßnahmen, Zeiten und Kosten zur Erstel-

lung des QM-Systems. Für die einzelnen QM-Elemente werden die Verantwortlichen (Bereichsleiter) und die Teamleiter (Prozeßverantwortliche) er-
nannt. Dabei sind die QM-Elemente entsprechend den bestehenden Aufgaben-
bereichen aufzuteilen.

Die Projektorganisation ist schriftlich zu fixieren und wird als Anlage im
QM-Handbuch geführt.

Die **Teamleiter** wiederum berufen die entsprechenden Mitglieder in ihr
Team (Bild 4.4). Nach erfolgter Installation des QM-Systems arbeiten diese
Teams aktiv an **Qualitätsverbesserungen** weiter (siehe auch Fachbuchkapitel
8:"Wie sind die Prozesse zu verbessern?").

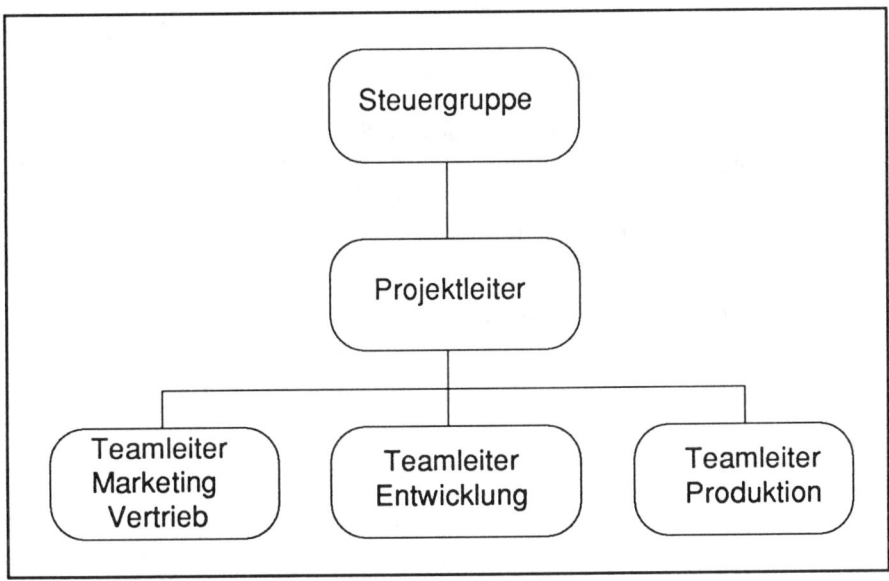

Bild 4.4 Projektorganisation QM System

Das Konzept ist dem **Qualitäts-Lenkungsausschuß (QLA)** vorzulegen und
von diesem zu genehmigen.

Erstellung des QM- Systems durch Projektarbeit im Team

4.2.5 Durchführung

Vor Beginn der Projektarbeit sind die Teammitglieder in Teamarbeit und QM-System zu schulen.

Die Aktivitäten sind analog des Konzepts zu entwickeln, wobei auf eine gute Koordination des **Projektleiters**, sowie auf ein straffes Zeitmanagement Wert gelegt werden muß.

Zuerst sind die einzelnen Kapitel des Handbuches zu erstellen, davon sind die Kapitel 1.0 "Verantwortung der obersten Leitung", Kapitel 2.0 "Qualitätsmanagement-System" und Kapitel 17.0 "Interne Qualitätsaudits" mit den verbindlichen Anschlußdokumenten bereits erarbeitet.

Der Pkt. 3 "Zuständigkeiten" eines jeden Kapitels wird zweckmäßigerweise in einer Matrix im Kapitel 1.0 "Verantwortung der obersten Leitung" zusammengefaßt.

Die Abläufe der wichtigsten Prozesse sind in **Ablaufdiagrammen** darzustellen, die **Prozeßverantwortlichen** zu benennen und die Schnittstellen zu definieren. Sämtliche anderen Prozesse sind in QM-Verfahrens- und Arbeitsanweisungen zu beschreiben. Dabei ist eine Prozeßuntersuchung auf ihre Wertschöpfung durchzuführen.

Bei allen Prozessen ist die Wertschöpfung zu optimieren

Nach Möglichkeit sollte man das **QM-Handbuch** auf einem grafikfähigem Textverarbeitungssystem verarbeiten und speichern. Wir müssen berücksichtigen, daß einmal der Umfang groß sein kann und zum anderen sind laufende Änderungen zu erwarten. Verantwortlich dafür ist der Projektleiter.

Die Anschlußdokumente werden im Bereich der Teamleiter erstellt, denn dort erfolgt später auch die Bewirtschaftung dieser Dokumente. Sie sind im QM-Handbuch nur als Anlage eines jeden Kapitels erwähnt, werden aber separat bewirtschaftet. Als Anlage des QM-Handbuches erscheint ein Verzeichnis aller QM-Verfahrens- und Arbeitsanweisungen.

Ist das Handbuch erstellt, so ist es durch die **Geschäftsleitung** mittels Unterschrift freizugeben.

Die Qualitätspolitik und das QM-Handbuch sind jetzt im Unternehmen umfassend und gründlich einzuführen und bekanntzumachen. Der Verantwortliche der Geschäftsleitung zeichnet dafür verantwortlich, der Qualitäts-Lenkungsausschuß und der Qualitätscontroller unterstützen ihn dabei.

Folgende Aktivitäten können dabei stattfinden:

Betriebsversammlung mit Videovorführung. Man sollte der Einführung eines QM-Systems die notwendige Aufmerksamkeit schenken. Ein Video, welches die Qualitätspolitik und das Managementsystem erläutert, kann nützlich sein.

Ausarbeitung und Aufstellung eines Qualitätssymbols. Ein Symbol sollte die Qualitätsaktivitäten unterstreichen und die Identifikation mit dem System erleichtern.

Plakataktionen. Zur Ankündigung des QM-Systems und später für den Qualitätsverbesserungsprozeß sind Plakate nützlich. Auf Lebendigkeit, d.h. auf ständigen Wechsel ist Wert zu legen.

Qualitätsbroschüre für die Mitarbeiter. Eine Broschüre über die Qualitätspolitik, das Managementsystem und seine Grundlagen ist für die Mitarbeiter des Unternehmens, aber auch für externe Informationen notwendig. Der Name des Mitarbeiters soll als persönliches Zeichen auf der Broschüre vermerkt sein.

Veröffentlichungen von Qualitätszielen und Artikel zur Qualität in der Hauszeitschrift und an Anschlagtafeln. Laufende Mitteilungen an die Belegschaft sind zu tätigen.

Abteilungsbesprechungen. Besprechungen innerhalb der Abteilung dienen als wichtiges Führungsinstrument der Kommunikation und der Motivation.

Nach der Einführung des QM-Systems sind laufend QM-Verfahrens- und Arbeitsanweisungen zu erstellen und einzuführen. Dazu sind die Anlagen des QM-Elementes 2.0 "Qualitätsmanagement-System" als Arbeitsunterlage zu verwenden.

Mitarbeiterschulungen in allen Abteilungen müssen diesen Vorgang aktiv begleiten. Hier findet sicher der schwierigste Prozeß statt, da die Anweisungen ja angewendet werden müssen und nicht lebloses Papier bleiben sollen.

Sobald in einzelnen Abteilungen das QM-System eingeführt ist, sind vom Projektleiter laufend Qualitäts-Audits zur Vervollständigung durchzuführen. Gleichzeitig beginnt der Qualitäts-Lenkungsausschuß mit dem Qualitätsverbesserungsprozeß, der auf laufende Verbesserung aller Prozesse im Unternehmen hinzielt.

Die **qualitätsbezogenen Kosten** als wichtiger Teil der Managementaufgaben sind laufend auszuweisen, zu beachten und und in die Korrekturmaßnahmen aufzunehmen. Dabei ist es wichtig, daß die Kostenelemente über größere Zeiträume gleich bleiben, damit die Vergleichbarkeit gewährleistet ist und Trends erkennbar werden.

Wenn alle erforderlichen Unterlagen erstellt und eingeführt sind, erfolgt zum Abschluß durch den Projektleiter ein **Systemaudit.**

4.2.6 Zertifizierung

Jedes Unternehmen sollte sich schon vor der Einführung seines QM-Systems darüber im klaren sein, ob später eine Zertifizierung angestrebt wird. Eine QM-System-Zertifizierung durch eine unabhängige Stelle ist eine Überprüfung und Bestätigung des dokumentierten und eingeführten QM-Systems auf der Grundlage der DIN ISO 9001- 9003. Bei erfolgreicher Auditierung des Unternehmens wird ein Zertifikat erteilt, das über 3 Jahre gilt. Dieses Zertifikat wird in zunehmendem Maße vom Abnehmer der Produkte gefordert oder auf Grund gesetzlicher Regelungen notwendig.

Besonders für den europäischen Binnenmarkt sind Konzepte für vertrauensbildende Maßnahmen in qualitativer Hinsicht für Kunden und Lieferanten vorgesehen. Dazu gehört die Produktkennzeichnung durch ein "CE" Zeichen. Bestimmte Klassen (Module D, E, H) dieses Zeichens setzen ein zertifiziertes QM-System auf der Basis der DIN ISO 9001- 9003 voraus.

In Deutschland sind unter vielen zwei Institutionen bekanntgeworden, die QM-Systeme zertifizieren:
Die DQS Deutsche Gesellschaft zur Zertifizierung von Qualitätssicherungssystemen mbH, Frankfurt und der TÜV Technischer Überwachungsverein mit den verschiedenen Geschäftsstellen in den Bundesländern.
Eine Zertifizierungsstelle sollte die Akkreditierung von der in Deutschland zuständigen Trägergemeinschaft für Akkreditierung GmbH (TGA) im Deutschen Akkreditierungsrat (DAR) besitzen. Damit wird die Zertifizierungskompetenz nach der Norm EN 45012 bestätigt. Um auch die internationale Anerkennung der Zertifikate zu gewährleisten, kooperieren europäische Zertifizierungsorganisationen in der "European Network for Quality System Assessment and Certification" (E-Q-Net) und mit Stellen in den USA, Japan, Kanada u.s.w.

Bei der Auswahl einer Zertifizierungsgesellschaft ist darauf zu achten, daß die Durchführung termingerecht erfolgt und daß qualifizierte Auditoren vorhanden sind. Dabei ist besonders Praxisnähe gefragt, da das QM-System ja dem Unternehmen entsprechen soll und die Auditierung nicht an Formalismen hängen bleiben darf.

Ablauf einer Zertifizierung. Der Ablauf einer Zertifizierung wird beispielhaft nach den Unterlagen der DQS Deutschen Gesellschaft zur Zertifizierung von Qualitätssicherungs-Systemen dargestellt (Bild 4.5). Der Ablauf erfolgt in Vertragsabschnitten.

1. Vertragsabschnitt: Audit-Vorbereitung. In der Vorbereitungsphase erhält das Unternehmen eine Liste mit 40 Fragen zur Selbstbeurteilung des installierten QM-Systems. Das Unternehmen muß diese Fragen beantworten und an die DQS zurücksenden.

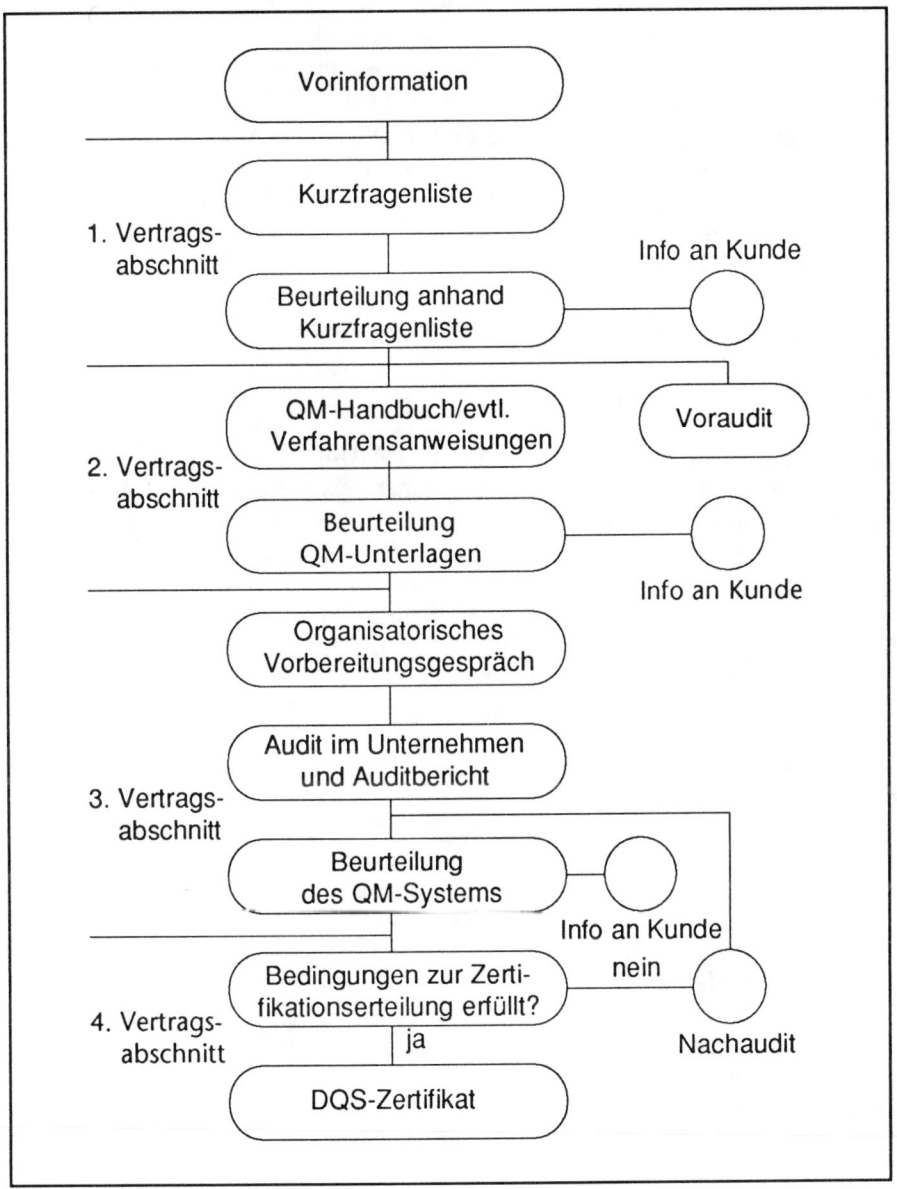

Bild 4.5 Ablauf der Zertifizierung eines QM-Systems

Die Zertifizierungsgesellschaft ermittelt anhand dieser Fragen den Entwicklungsstand des QM-Systems und klärt die Frage, nach welcher Norm (DIN ISO 9001, 9002 oder 9003) das Unternehmen zertifiziert werden soll. Die Auswertung der Frageliste erfolgt durch einen Auditor, der auch dem Unternehmen darüber berichtet, ob der nächste Vertragsabschnitt eingeleitet werden kann, oder ob noch Mängel im QM-System zu beheben sind.

Zwischen dem ersten und zweiten Vertragsabschnitt kann im Unternehmen ein Voraudit durchgeführt werden. Dabei wird die Dokumentation (QM-Handbuch, Verfahrens- und Arbeitsanweisungen) und der Einführungsstand des QM- Systems überprüft und eventuell vorhandene Defizite aufgedeckt. Ein Voraudit ist dann zu empfehlen, wenn das Unternehmen über den Erfüllungsstand seines Systems nicht sicher ist, da dabei die Defizite aufgelistet werden. Es findet auch eine Einstimmung auf die Auditoren statt, was förderlich sein kann.

2. Vertragsabschnitt: Beurteilung der QM-Unterlagen. Im 2. Vertragsabschnitt werden das QM-Handbuch und falls notwendig, die QM-Verfahrens- und Arbeitsanweisungen überprüft. Die Zertifizierungsstelle schlägt dem Unternehmen den Audit-Teamleiter vor, der die Unterlagen überprüft und später das Audit im Unternehmen leitet. Die QM-Unterlagen sind dem Zertifizierungsunternehmen zuzuschicken. Gleichzeitig erhält das Unternehmen einen Fragenkatalog, der später in etwa beim Zertifizierungsaudit verwendet wird. Mit diesem Fragenkatalog kann sich das Unternehmen auf das Audit vorbereiten. Der Fragenkatalog beinhaltet die entsprechende Norm und ist gründlich zu bearbeiten. Ergibt die Überprüfung keine Mängel, so wird dem Unternehmen gleichzeitig mit dem Ergebnis ein Kosten- und Terminangebot für den nächsten Vertragsabschnitt unterbreitet.

3. Vertragsabschnitt: Audit im Unternehmen. Das Zertifizierungsaudit wird nach Ernennung des 2. Auditors, Auftragserteilung und Terminabsprache im Unternehmen durchgeführt. Grundlage ist der Fragenkatalog, der bereits die vereinbarte Norm (DIN ISO 9001, 9002 oder 9003) als Grundlage benutzt. Beim Audit werden alle QM-Elemente am Arbeitsplatz durch Stichproben überprüft, eventuell vorhandene Schwachstellen im Abweichungsbericht festgehalten und das Ergebnis mit dem QM-Beauftragten des Unternehmens besprochen. Das Audit dauert, je nach Unternehmensgröße, 3 bis 5 Tage. Kritische Abweichungen werden einem Nachaudit unterzogen. Unkritische Abweichungen sind innerhalb einer Frist zu korrigieren. Ist ein Nachaudit erforderlich, so ist der Termin zu fixieren, an dem die Abweichungen nochmals überprüft werden. Als Abschluß erhält das Unternehmen einen vollständigen und wertenden Audit-Bericht.

4. Vertragsabschnitt: Erteilung des Zertifikates. Die Zertifikatserteilung erfolgt auf Antrag des Unternehmens. Als Grundlage dient der Auditbericht. Das Zertifikat hat eine Gültigkeit von 3 Jahren, muß aber jährlich mittels Audit durch die Zertifizierungsgesellschaft überwacht werden. Dabei werden im QM-System nur die Elemente "Verantwortung der obersten Leitung", "Korrekturmaßnahmen" und "interne Audits" überprüft (Bild 4.6).

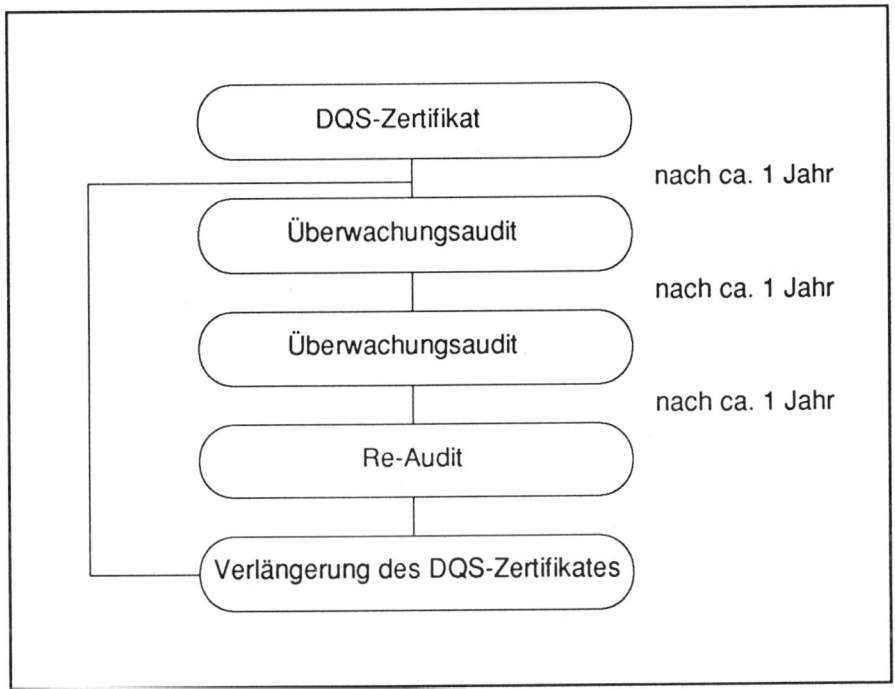

Bild 4.6 Überwachungsaudits

Alle 3 Jahre erfolgt ein **Re-Audit zur Verlängerung des Zertifikates.** Das zertifizierte Unternehmen kann das Zertifikat auch für werbliche Zwecke benutzen, allerdings nicht in direkter Verbindung mit dem Produkt. Die Kosten für die Zertifizierung belaufen sich je nach Aufwand auf 20.000 bis 30.000 DM.

5   Welche Aufgaben hat das Management?

5.1   Allgemeine Betrachtungen

Im Brixner Modell sind 23 QM-Elemente in den Schwerpunkten Management, QM-System, Mitarbeiter und Prozesse zusammengefaßt.

Das 5. Kapitel dieses Fachbuches befaßt sich mit dem QM-Element "Verantwortung der obersten Leitung" und enthält auch die QM-Aufbauorganisation.

Das nachfolgende 6. Kapitel: "Wie sieht die Ablauforganisation aus?" beinhaltet die QM-Elemente 2.0 bis 20.0, exklusive die Elemente 18.0 "Mitarbeiterentwicklung (Schulung)" und 20.0 "Prozeßoptimierung (Statistische Verfahren)."

Das 7. Kapitel: "Wie sind die Mitarbeiter zu integrieren?" hat das QM-Element 18.0 Mitarbeiterentwicklung (Schulung) zum Inhalt, während das 8. Kapitel: "Wie sind die Prozesse zu verbessern?" das QM - Element 20.0 Prozeßoptimierung (Statistische Verfahren) beschreibt.

Die Gliederung des Inhalts aller QM-Elemente erfolgt einheitlich und wird im vorliegenden 5. Kapitel bereits so gehandhabt.

Aus Zweckmäßigkeit wird jedem QM-Element ein Inhaltsverzeichnis vorangestellt. Generell kann man das QM-Handbuch mit einem Deckblatt versehen, welches eine kurze Firmenbeschreibung enthält. Das nächste Blatt beinhaltet ein gesamtes Inhaltsverzeichnis. Als Anlagen sind die Projektorganisation, ein Verzeichnis der QM-Verfahrens- und Arbeitsanweisungen und die QM-Verfahrensanweisungen " Erstellung des QM-Handbuches " und "Erstellung von Verfahrens- und Arbeitsanweisungen " anzufügen.

5.2   Forderungen der Norm

5.2.1 Qualitätspolitik

Die Qualitätspolitik des Unternehmens ist in Übereinstimmung mit der Unternehmenspolitik von der Unternehmensleitung schriftlich zu formulieren. Danach

ist sie in Kraft zu setzen, im gesamten Unternehmen einzuführen und durch
laufende Maßnahmen ist dafür zu sorgen, daß ein optimales Verständnis und
eine optimale Akzeptanz der Belegschaft erreicht wird.

5.2.2   Organisation

5.2.2.1 Verantwortungen und Befugnisse

Grundsätzlich sind für alle Mitarbeiter im Unternehmen Zuständigkeiten
bezüglich der Qualität festzulegen. Dazu ist ein Organigramm des gesamten
Unternehmens aufzustellen und in Stellenbeschreibungen Verantwortung, Befugnisse und Schnittstellen darzustellen. Die Aufbau- und Ablauforganisation
des Qualitätswesens als unabhängige Organisationseinheit ist aufzuzeigen
und die Kompetenzen und Aufgaben bezüglich Fehlerverhütungsmaßnahmen,
Behandlung von Fehlern, Korrekturen und deren Überprüfungen sind zu
regeln.

5.2.2.2 Mittel und Personal für die Verifizierung

Die Überwachung der festgelegten Qualitätsziele ist für das gesamte Unternehmen zu garantieren. Dazu sind entsprechende Mittel und ausgebildetes, unab-
hängiges Personal bereitzustellen.

5.2.2.3 Beauftragter der obersten Leitung

Der Beauftragte der Unternehmensleitung ist für die ständige Erfüllung der
Norm verantwortlich. Dazu ist er Mitglied der Unternehmensleitung und
besitzt die notwendige Erfahrung, Befugnisse und Kompetenzen.

5.2.3   Review des QM- Systems durch die oberste Leitung

Die Unternehmensleitung, als Verantwortliche für das Qualitätsmanagement-
System, muß periodisch das eingeführte System mit der Norm vergleichen,
wenn notwendig, Korrekturen vornehmen, die Durchführung überwachen und
die Bewertung dokumentieren.

5.3   QM-Handbuchkapitel: Verantwortung der obersten Leitung

Inhaltsverzeichnis

5.3.1 Ziel und Zweck

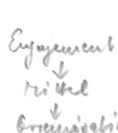

Wachsende Anforderungen des Marktes erfordern von einem qualitätsorien-
tierten Unternehmen Maßnahmen zur Sicherung der Qualität, der Kosten und
der Termine seiner materiellen und immateriellen Produkte. Wesentliche Voraussetzungen dafür sind das aktive Engagement der Unternehmensleitung in
QM-Belangen, entsprechende Mittel und eine zielkonforme Organisation, die
fähig ist, die Qualitätsanforderungen zu garantieren.

5.3.2 Geltungsbereich

Das Management hat im gesamten Unternehmen, über den gesamten Qualitätskreis zu agieren.

5.3.3 Zuständigkeiten

Sämtliche Zuständigkeiten für qualitätssichernde Aufgaben sind aus den
einzelnen QM-Handbuch-Kapiteln in eine Matrix zu übertragen (Bild 5.1).

5.3.4 Begriffe

Qualitätspolitik (DIN ISO 8402)
Die umfassenden Absichten und Zielsetzungen einer Organisation zur Qualität, wie sie durch die oberste Leitung formell ausgedrückt werden.

Qualitätsbezogene Kosten (DIN ISO 8402)
Sowohl diejenigen Kosten, welche durch das Sicherstellen und Sichern zufriedenstellender Qualität verursacht sind, als auch die Verluste infolge des Nichterreichens zufriedenstellender Qualität.

E = vorbehaltene Entscheidung D = Hauptaufgabe M = Mitarbeitspflicht I = Informationsempfänger Aufgaben	Zuständigkeiten Kurzzeichen Abteilungen									
	GL	CON	QF	VW	PS	MK	VK	PD	AV	QS
1.3.1 Verantwortung der obersten Leitung										
Festlegen und Bekanntmachen der Q-Politik	E/D		M	M		M		M		M
Festlegen und Bekanntmachen der Q-Ziele	D		M	D		D	D	D		I
Unternehmensorganisation	E/D	M	M	M	M	M	M	M		
Funktionsbeschreibung Hauptbereiche	E		D	I		I	I	I		
Organisationsgrundsätze Unternehmen	E	D	D	I	D	I	I	I		
Installation von ständigen Ausschüssen	E/D			I		I	I	I		
Aufbauorganisation Q-Sicherung	M		E/D	M	M	M	M	M		M
Überprüfung QM-System	D		M	M		M	M	M		

Bild 5.1 Matrix Zuständigkeiten

5.3.5   Unternehmerische Aktivitäten

5.3.5.1 Unternehmenspolitik, Strategie und Ziele

Die Unternehmenskultur, die strategische Ausrichtung und die Ziele sind festzulegen. Der Tätigkeitsbereich ist zu definieren, die Aktivitäten auf dem Markt und die Marktposition sind zu klären und auf die Erfolgssektoren zu verweisen.

5.3.5.2 Qualitätspolitik, Strategie und Ziele

Die Unternehmensgrundsätze zur Qualität müssen sich in das Unternehmensleitbild einfügen. Sie umfassen den Umfang der Aktivitäten, den Kundenbezug und die Qualitätskultur. Prinzipien, wie Vorbeugung, 0-Fehler und Soll-Ist-Vergleich sind festzulegen. Qualitätsziele sind die Erfüllung der Anforderungen der Kunden, Leistungsinhalte- und umfänge, Termine und qualitätsbezogene Kosten. Ferner werden Wege zur Verwirklichung des Qualitätszieles beschrieben:
Qualitätsanspruchsklasse. Die Priorität der Qualität im Unternehmen wird beschrieben sowie das Verhältnis zu Kosten und Terminen.

Internes Lieferanten-Kundenverhältnis. Um Total Quality Management zu betreiben, sind alle Mitarbeiter im Unternehmen in ein Kunden-Lieferantenverhältnis einzubeziehen. Dazu gehören Zielvereinbarungen, Überprüfungen und ständige Verbesserungen. Dieser Prozeß kann auch durch einen Qualitätswettbewerb gesteuert werden.

Selbstprüfersystem. Da Qualität nicht in das Produkt hineingeprüft werden kann, ist jeder Mitarbeiter für die Qualität seiner Produkte selbst verantwortlich. Für Drittprüfungen wird ein Selbstprüfersystem eingerichtet.

Interdisziplinäre Zusammenarbeit (Qualitätsteams). Um eine Qualitätskultur im Unternehmen zu erzeugen, die zu laufenden Verbesserungen führt, ist interdisziplinäre Zusammenarbeit in der Form von Qualitätsteams unerläßlich.

Kommunikation. Im Unternehmen muß eine umfassende Kommunikation stattfinden, damit auf der Basis eines aktuellen Wissensstandes reagiert werden kann.

Schulung. Schulung ist für ein QM-System unabdingbar. Sie muß vor allem im Management bezüglich Führung und Teamarbeit stattfinden. Sämtliche Mitarbeiter sind auch in Qualitätstechniken zu schulen.

Motivation. Die Einführung eines Qualitätsverbesserungsprozesses setzt ein gutes Betriebsklima mit motivierten Mitarbeitern voraus. Die Unternehmensleitung muß Aktivitäten zur Sicherung der Motivation unternehmen.

Kundenbezogenheit und Prozeßmanagement. Produkt- und servicebezogene Kundenanforderungen sind in meß- oder beurteilbare Qualitätsmerkmale mit entsprechenden Toleranzen umzusetzen und die Arbeitsprozesse entsprechend zu planen. Es hat eine laufende Auseinandersetzung mit den Problemen,

Wünschen und Bedürfnissen der externen und internen Kunden stattzufinden. Im QM-Handbuch stehen vordergründig gesamtunternehmerische Ziele. Die Qualitätsziele der Einzelbereiche, der Abteilungen, jedes Mitarbeiters sind davon abzuleiten, zu dokumentieren und zu erfüllen.

Verpflichtung zur Qualität. Mit den Unterschriften der Geschäftsleitung verpflichtet sich das Management zur Einhaltung der Qualitätsgrundsätze und setzt das Handbuch in Kraft.

Selbstver-
pflichtung

5.3.5.3 Organisation

Organigramm mit Kurzzeichenliste. Die Gesamtorganisation des Unternehmens wird in einem Organigramm dargestellt und die einzelnen Einheiten mit Kurzzeichen versehen, die vor allem bei der Erstellung einer Matrix oder von Ablaufdiagrammen von Nutzen sind.
Funktionsbeschreibung der Hauptbereiche. In dieser Beschreibung sind Ziele und Funktionen der Hauptbereiche zu dokumentieren. Unter Hauptbereiche sind die Forschung und Entwicklung, die Produktion, das Rechnungswesen, Marketing und Verkauf und die Materialwirtschaft gemeint.

Hauptbereiche

Organisationsgrundsätze. Die Organisation des Unternehmens ist beschrieben. Als sehr effizient hat sich eine Stab-Linienorganisation, verbunden mit einer Matrixorganisation für die Teamarbeit erwiesen. Allerdings sind dabei die Unterstellungsverhältnisse zu beachten.

Unterstell.
(u)

Ständige Ausschüsse. Die Art und Organisationsform von bestehenden Ausschüssen wird erklärt. Eine Auflistung in Form einer Matrix ist förderlich. Die wichtigsten Ausschüsse können sein:

Ausschüsse

- Planungsausschuß für neue Produkte. Neue Produkte sind durch ein Projektmanagement zu realisieren. Die Steuerung der verschiedenen Projekte besorgt ein Planungsausschuß.
- Qualitäts-Lenkungsausschuß. Der Qualitäts-Lenkungsausschuß (QLA) wird vom Verantwortlichen der Unternehmensleitung (Qualitätsbeauftragten) geleitet. Mitglieder sind die Geschäftsleitung, der Personalleiter, der Qualitätscontroller und die Qualitätsleiter der Linienorganisation. Der QLA hat die Aufgabe, den Qualitätsverbesserungsprozeß zu beginnen und in Gang zu halten.
- Qualitäts-Normenausschuß zur Erstellung von längerfristigen Spezifikationen. Firmenspezifische Standards bezüglich der Qualität sind in Qualitätswerknormen zu beschreiben.
- Selbstprüferausschuß für die Selbstprüferorganisation. Für die Selbstprüferorganisation, die traditionell in der Fertigung beginnt, aber dann das gesamte Unternehmen umfassen soll, sind Instrumente zu schaffen.

- Ausschuß betriebliches Vorschlagswesen. Das betriebliche Vorschlagswesen dient zu laufenden Verbesserung der Prozesse. Die Teamarbeit ist
darin genauso einzubinden, wie laufende Aktionen (Jahresverlosungen)
zur Inganghaltung dieses wichtigen Systems.

Der Verantwortliche der Unternehmensleitung (Qualitätsbeauftragter).
Es ist ein Verantwortlicher der Unternehmensleitung für QM-Belange zu
ernennen. Seine Hauptaufgabe ist es, die Funktion des Qualitätsmanagement-
Systems in allen Unternehmensbereichen sicherzustellen.

Aufbauorganisation Qualitätssicherung. Qualitätssicherung ist an den Ort
der Entstehung zu verlegen, d.h. alle qualitätssichernden Aktivitäten sind als
Linienorganisation **(Qualitätswesen)** zu organisieren. Sie unterstützen die
Hauptbereiche Entwicklung und Produktion in ihren Qualitätsbemühungen.
Diese Organisationen arbeiten unmittelbar am Produkt und sind den Hauptab-
teilungsleitern unterstellt.
    Für das QM-System ist der **Qualitätscontroller** zuständig, der dem Ver-
antwortlichen der Unternehmensleitung als Stabstelle untersteht. Seine Hauptaufgaben sind die Überprüfung des Qualitätsmanagement-Systems mittels Systemaudits, die Überwachung der Korrekturmaßnahmen, Qualitätsschulungen
und sonstige Qualitätsförderungsmaßnahmen. Die Organe der Qualitätssicherung sind im QM-Handbuch mittels Organigramm darzustellen. Die Stellenbeschreibungen der Hauptorgane werden im Handbuch niedergelegt.

5.3.5.4 Bewertung des QM-Systems durch die Unternehmensleitung

Analyse und Bewertung der wichtigsten Überprüfungen und Korrekturmaß-
nahmen sind periodisch durchzuführen und zu dokumentieren. Die Unternehmensleitung hat den Erfüllungsstand der Unternehmensziele zu bewerten, bei
Nichterfüllung Korrekturmaßnahmen einzuleiten, diese zu überwachen und zu
dokumentieren. Die Bewertung erfolgt anhand von finanziellen- und nichtfi-
nanziellen Meßgrößen.
Finanzielle Meßgrößen können sein:
Umsatz, Gewinn, Wertschöpfung, Cash-Flow, Liquidität.
Nichtfinanzielle Meßgrößen können sein:
Marktanteil, Lieferzeiten, Entwicklungszeiten, Fertigungszeiten, Lagerum-
schlag, Nacharbeit und Ausschuß, Marktverhalten der Produkte und Dienstleistungen, unternehmensinterne Lieferantenbewertung, qualitätsbezogene Kosten.
Qualitätsbezogene Kosten. Qualitätsbezogene Kosten sind generell unter-
nehmensspezifisch. Die Gliederung ist im "Brixner Modell" wie folgt:

Kosten der Qualitätsplanung
* QM-Organisation (Qualitätscontroller)
* Qualitätsplanung
* Qualitätsverbesserungsprozeß
* Qualitätsschulungen

Kosten der Prüfstellen
* Entwicklungsprüfung
* Eingangsprüfung
* Fertigungsprüfung
* Montage- und Endprüfung

Kosten der Qualitätsabweichung
* Ausschuß- und Nacharbeit
* Nachentwicklungen und Konstruktionsänderungen
* Gewährleistungen
* Produkthaftung
* Fehlleistungsaufwand
* Entgangener Markterfolg

Qualitätsbezogene Kosten sind in einem Unternehmen wichtige Steuerungs-
elemente des Qualitätsprozesses. Sie sind periodisch zu erfassen, zu bewerten
und es sind daraus Korrekturmaßnahmen einzuleiten. Verantwortlich dafür ist
die Geschäftsleitung. Qualitätskostenelemente sind nicht zu verändern, sonst
ist eine kontinuierliche Bewertung nicht möglich.

Ablauf der Qualitätskostenentwicklung
Die ersten Kostenermittlungen finden beim Aufbau eines Qualitätsmanagement-Systems bereits in der Definitionsphase (siehe Kapitel 4.2.2) statt. Nach
dieser Bestandsaufnahme sollten sich die Kosten nach folgender Richtung
entwickeln:

Kosten der Qualitätsplanung. Zuerst findet eine Erhöhung infolge QM-
Systemeinführung durch erhöhten Planungsaufwand und durch die Installation
eines Q-Controllers statt. Danach Kostensenkung durch Verlagerung der operativen Planungsaktivitäten von den QS-Stellen in Linienstellen analog des
Qualitätskreises (Beschaffung, Arbeitsvorbereitung, Entwicklung usw.). Übrig
bleiben nur Kosten zur Aufrechterhaltung des QM-System.

Kosten der Prüfstellen. Verminderung der Prüfstellenkosten durch Einführung eines Selbstprüfersystems, welches Prüfkosten den Bearbeitungskosten
zurechnet, sofern sie nicht im Prozeß aufgehen.

Kosten der Qualitätsabweichungen. Diese Kosten müssen kontinuierlich sinken und zeigen damit das Funktionieren des Qualitätsmanagement-Systems an.

Qualitätsbezogene Kosten dienen zur Sichtbarmachung
von Verbesserungen im Qualitätsprozeß

5.3.6 Verbindliche Anschlußdokumente

QM-Verfahrens- und Arbeitsanweisungen

Allgemeine Führungsanweisungen. Allgemeine Führungsanweisungen werden zweckmäßigerweise als Broschüre an die Belegschaft herausgegeben. Sie bilden gemeinsam mit den Stellenbeschreibungen die Grundlage für das Handeln von Mitarbeitern und Vorgesetzten. Führungsanweisungen beschreiben in der Regel das Führungsprinzip (z.B. Management bei Objectives), die Delegation von Verantwortung, Rechte und Pflichten von Mitarbeitern und Vorgesetzten, den Fach- und Disziplinarvorgesetzten, Organisationsformen (Dienstweg, Einzelauftrag, Linie und Stab, Stellvertreter und Platzhalter, Team, Überprüfung und Beschwerde) und das Gespräch als Führungs- und Arbeitsmittel.

Funktionsbeschreibungen Management und Organisationsgrundsätze. In dieser QM-Verfahrensanweisung sind die Organisationsgrundsätze des Unternehmens dargestellt. Diese können die Stab-Linienorganisation und die interdisziplinäre Projektorganisation beinhalten. Außerdem sind die Ziele und Funktionen des Managements beschrieben.

Erscheinungsbild (Corporate Identity). Es werden Normen fixiert, die das visuelle und sprachliche Auftreten des Unternehmens beinhalten. Diese können sein: Produktaussehen, Logogramm, Hausfarben, Hausschrift, bildliche Darstellungen.

Definition und Erfassung der Qualitätskostenelemente. Die Kosten der Qualitätsplanung, Prüfstellen und Qualitätsabweichungen werden definiert, die Herkunft ermittelt und bestimmten Bereichen zugeordnet. Diese Bereiche können sein: Marketing, Verkauf, Forschung und Entwicklung, Produktion und Materialwirtschaft.

6   Wie sieht die Ablauforganisation aus ?

6.1   Qualitätsmanagement-System

6.1.1   Forderungen der Norm

Das Qualitätsmanagement-System ist in einem Handbuch entsprechend der Norm zu beschreiben. Ergänzende QM-Verfahrens- und Arbeitsanweisungen sind zu erstellen. Das QM-System muß alle Bereiche des Unternehmens umfassen und die Planung, Durchführung und Dokumentation von QM-Verfahren beinhalten. Alle Dokumente zum QM-System sind zu erstellen, freizugeben und unterliegen einem Änderungsdienst.

6.1.2.   QM-Handbuch: Qualitätsmanagement-System

Inhaltsverzeichnis

6.1.2.1 Ziel und Zweck
6.1.2.2 Geltungsbereich
6.1.2.3 Zuständigkeiten
6.1.2.4 Begriffe
6.1.2.5 Systembeschreibung
6.1.2.6 Verbindliche Anschlußdokumente

6.1.2.1 Ziel und Zweck

Das Qualitätsmanagement-System beschreibt die Aufbauorganisation, Verantwortung, Abläufe, Verfahren und Mittel zur Verwirklichung des Qualitätsmanagements. Es soll eine angemessene und fortdauernde Überwachung aller qualitätswirksamen Tätigkeiten garantieren.
Dabei soll der Schwerpunkt auf laufenden Qualitätsverbesserungen liegen, zur

Zufriedenstellung der Kunden, zum Ziel von langfristigen Geschäftserfolgen, zum Nutzen der Unternehmensmitglieder und der Gesellschaft.

6.1.2.2 Geltungsbereich

Das QM-System gilt für alle Prozesse, die Produkte und Dienstleistungen erzeugen, für den gesamten Produktzyklus und bezieht alle Mitarbeiter und alle Abteilungen ein.

6.1.2.3 Zuständigkeiten

Für das Qualitätsmanagement-System ist der Qualitätsbeauftragte der Unternehmensleitung zuständig.

6.1.2.4 Begriffe

Qualitätsmanagementsystem (DIN ISO 8402)
Die Organisationsstruktur, Verantwortlichkeiten, Verfahren, Prozesse und erforderlichen Mittel für die Verwirklichung des Qualitätsmanagements.

6.1.2.5 Systembeschreibung

Grundsätze. Die Sicherung der Qualität wird durch die Erfassung von Kundenanforderungen, Forderungen des Gesetzgebers und firmenspezifischen Forderungen realisiert.

Die Erfüllung ist im gesamten Unternehmen durch Prozeßmanagement und Prozeßtechnik zu sichern (Bild 6.1). Dabei findet ein laufender Plan-Ist-Vergleich mit entsprechender Regelung statt.

Aus den Qualitätsforderungen sind kundenkritische Qualitätsmerkmale zu entwickeln. Diese kundenkritischen Qualitätsmerkmale finden sich am Endprodukt wieder und werden teilweise dem Kunden bekanntgegeben.

Innerhalb des Unternehmens sind Ablaufpläne für wichtige Prozesse zu erstellen (Bild 6.2). Die Form der Sinnbilder entspricht DIN 66001.

Weiter sind die Verantwortlichen zu benennen und Schnittstellen zu definieren. Das gleiche gilt für die entsprechenden Unterprozesse.

Die Qualität der Produkte und der Dienstleistungen sind mittels Prozeßanalysen und Prozeßlenkung zu sichern.

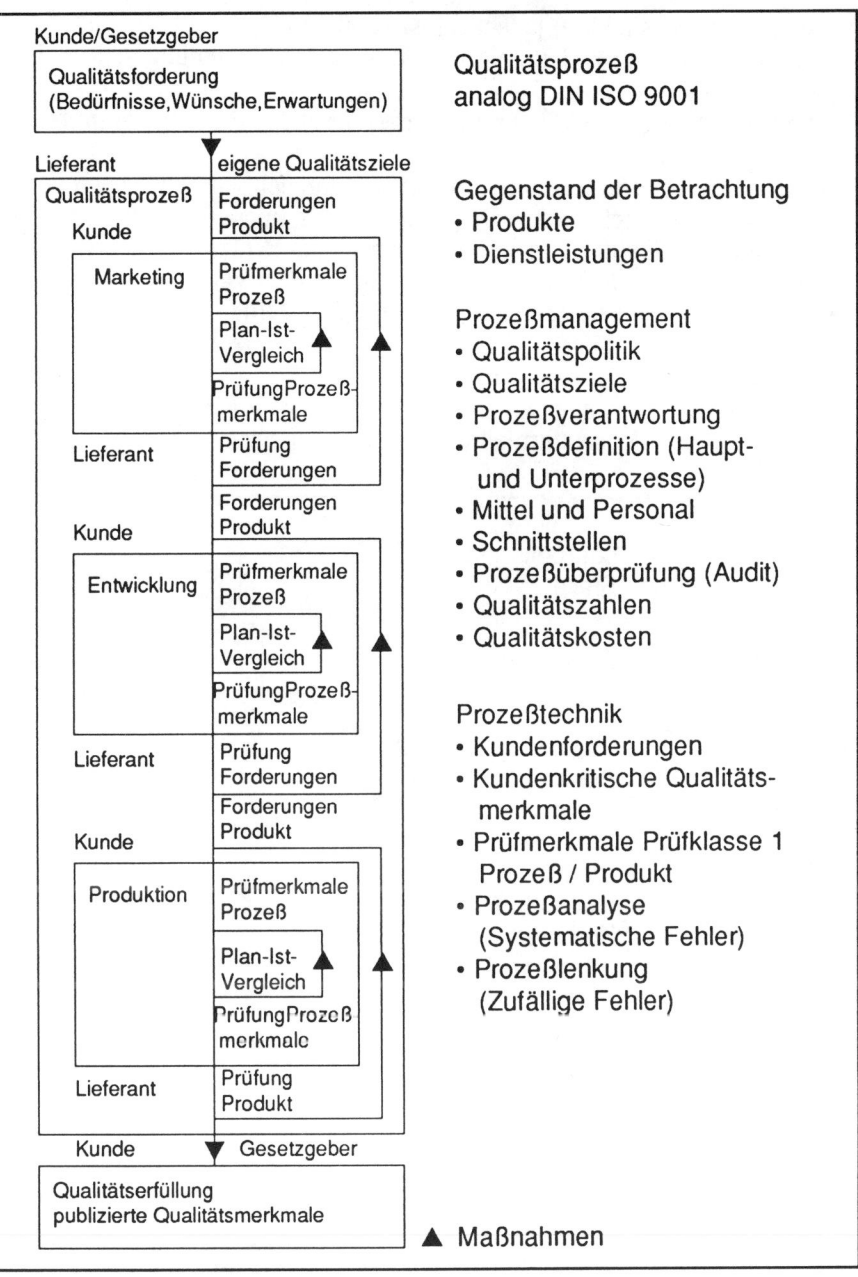

Kunde/Gesetzgeber

Qualitätsforderung
(Bedürfnisse,Wünsche,Erwartungen)

Qualitätsprozeß
analog DIN ISO 9001

Lieferant — eigene Qualitätsziele

Qualitätsprozeß

Kunde — Forderungen Produkt

Marketing — Prüfmerkmale Prozeß / Plan-Ist-Vergleich / Prüfung Prozeß-merkmale

Lieferant — Prüfung Forderungen

Kunde — Forderungen Produkt

Entwicklung — Prüfmerkmale Prozeß / Plan-Ist-Vergleich / Prüfung Prozeß-merkmale

Lieferant — Prüfung Forderungen

Kunde — Forderungen Produkt

Produktion — Prüfmerkmale Prozeß / Plan-Ist-Vergleich / Prüfung Prozeß merkmale

Lieferant — Prüfung Produkt

Kunde — Gesetzgeber

Qualitätserfüllung
publizierte Qualitätsmerkmale

Gegenstand der Betrachtung
• Produkte
• Dienstleistungen

Prozeßmanagement
• Qualitätspolitik
• Qualitätsziele
• Prozeßverantwortung
• Prozeßdefinition (Haupt-
  und Unterprozesse)
• Mittel und Personal
• Schnittstellen
• Prozeßüberprüfung (Audit)
• Qualitätszahlen
• Qualitätskosten

Prozeßtechnik
• Kundenforderungen
• Kundenkritische Qualitäts-
  merkmale
• Prüfmerkmale Prüfklasse 1
  Prozeß / Produkt
• Prozeßanalyse
  (Systematische Fehler)
• Prozeßlenkung
  (Zufällige Fehler)

▲ Maßnahmen

6.1 Qualitätsprozeß

Arbeitsergebnisse sind von jedem selbst zu überprüfen.

Mängelbehebung findet innerhalb der einzelnen Abteilungen im Rahmen der Planvorgaben statt.

Selbstprüfersysteme können für vorgeschriebene Prüfungen durch Dritte angewendet werden.

Bei der Nichterfüllung von Qualitätsmerkmalen wird zwischen Fehlern und Mängeln unterschieden. Mängel gelten für kundenkritische Qualitätsmerkmale und können Schadenersatz nachziehen. Fehler führen erst dann zu Mängelrügen, wenn die Abweichung Untauglichkeit verursacht. Fehler werden aber, genau wie Mängel, analysiert und abgestellt.

Durch kontinuierliche Qualitätsverbesserungen ist der Null-Fehlerstand anzustreben.

Zielvorgaben dazu sind auf allen Ebenen zu erarbeiten, vom Management zu überprüfen und Korrekturmaßnahmen einzuleiten.

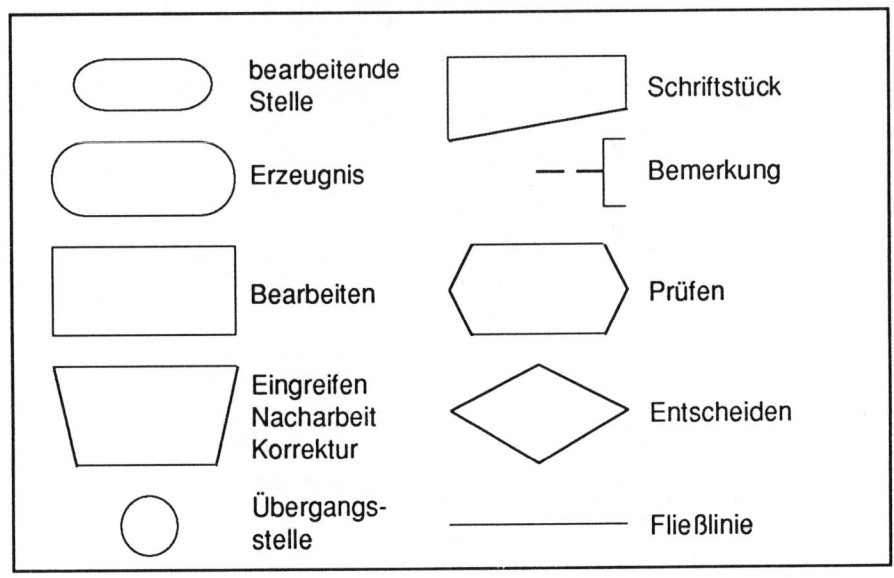

Bild 6.2 Sinnbilder für Ablaufpläne

Dokumentation. Zur Dokumentation des QM-Systems gehören das QM-Handbuch, QM-Verfahrens- und Arbeitsanweisungen, Prüfanweisungen, QM-Normen und produktspezifische QM-Programme.

6.1.2.6 Verbindliche Anschlußdokumente

QM-Verfahrens- und Arbeitsanweisungen

Erstellung des QM-Handbuches (Anlage 1).
Erstellung von QM-Verfahrens- und Arbeitsanweisungen (Anlage 2).

6.2 Marketing und Verkauf (Vertragsüberprüfung)

6.2.1 Allgemeines

Das QM-Kapital heißt in der Norm "Vertragsüberprüfung". Zweckmäßiger ist es, dieses Kapitel "Marketing und Verkauf" zu nennen, denn diese Tätigkeiten werden benötigt, sind sie doch für die Unternehmen typisch.

6.2.2 Forderungen der Norm

Verfahren zur Vertragsüberprüfung sind festzulegen, zu koordinieren, zu dokumentieren und zu archivieren. Dazu gehören auch die Bearbeitung von abweichenden Forderungen an den Vertrag, die Überprüfung der Fähigkeit zur Vertragserfüllung im Unternehmen, die Beteiligung der einzelnen Abteilungen und die Kommunikation mit dem Kunden.

6.2.3 QM-Handbuch: Marketing

Inhaltsverzeichnis

6.2.3.1 Ziel und Zweck
6.2.3.2 Geltungsbereich
6.2.3.3 Zuständigkeiten
6.2.3.4 Begriffe (nicht belegt)
6.2.3.5 Marketingaktivitäten
6.2.3.6 Verbindliche Anschlußdokumente

6.2.3.1 Ziel und Zweck

Da der Kunde im Mittelpunkt der Bemühungen steht, sind durch systematische Marktbefragungen dessen Wünsche und Erwartungen festzustellen und in

Produkte und Dienstleistungen umzuwandeln. Optimale Befriedigung der Kundenbedürfnisse im Rahmen der gesamtunternehmerischen Ziele (langfristige und gewinnorientierte Produkt- und Dienstleistungspolitik) und im Einklang mit dem Gesetzgeber muß die Zielsetzung sein.

Weiterhin müssen Aktivitäten der Preis- und Konditionspolitik, der Absatzorganisation, von Public Relations und Sales Relations stattfinden.

6.2.3.2 Geltungsbereich

Gilt für alle Produkte und Dienstleistungen, die das Unternehmen vermarktet.

6.2.3.3 Zuständigkeiten

Für die Kundenanforderungen ist das Marketing zuständig.

6.2.3.5 Marketingaktivitäten

Planung und Organisation. Die Erreichung der Marketingziele stehen im Vordergrund. Basierend auf den Unternehmensgrundsätzen und Zielvorstellungen sind langfristige Planung (10 - 15 Jahre), mittelfristige Planung (3 - 5 Jahre) und kurzfristige Planung (1 Jahr) zu erstellen.

Dabei sind Produkte und Dienstleistungen (Produktprogrammplanung) und die Märkte zu beachten. Aktivitäten sind Marktforschung und Einsatz der Marketing-Instrumente. Marktforschung ist die systematische Untersuchung eines Marktes mit wissenschaftlichen Methoden und beinhaltet Marktanalysen und Marktbeobachtungen. Marketing-Instrumente sind zu benutzen. Alle Aktivitäten münden in der Produktprogrammplanung, die neue Entwicklungsprojekte in Gang setzt und laufende Produkte verbessert oder ersetzt.

6.2.3.6 Verbindliche Anschlußdokumente

QM-Verfahrens und Arbeitsanweisungen

Produktprogrammplanung. Rahmenbedingungen sind Zielvorgaben, langfristige Planung und ein zielgruppengegliedertes Produktprogramm.

Weiterhin sind von den Abteilungen Marketing und Entwicklung Marktsituationsberichte zu erstellen. Die Berichte der Abteilung Marketing umfassen die Marktsituation und Trends, Konkurrenzanalysen und Ideen für neue Geräte und Dienstleistungen, sowie Verbesserungen an bestehenden Produkten und das Ausscheiden alter Produkte. Die Abteilung Entwicklung ergänzt diese Berichte durch neue Ideen für Produkte aus ihrer Sicht.

Innerhalb des Unternehmens sind Wirtschaftlichkeitsdaten von bestehenden Produkten zu analysieren, auszuwerten und neue Produktideen in die Programmplanung aufzunehmen.

Es finden Produktverhaltensprüfungen statt, die Reklamationen vom Markt, Berichte von Installationen und Reparaturen und die Wirtschaftlichkeit der einzelnen Produkte und Dienstleistungen auswerten.

Aus diesen Eingängen ist periodisch eine kurzfristige Produktprogrammplanung vom Zielgruppenmanager zu erstellen.

Daraus erfolgt die Definition einzelner Projekte mittels eines Lastenheftes, welches die Grundlage für neue Produkte bildet.

Lastenhefte sind im Rahmen der Produktprogrammplanung von der Unternehmensleitung zu begutachten, freizugeben und Entwicklungsprojekte einzuleiten.

6.2.4 QM-Handbuch: Verkauf

Inhaltsverzeichnis

6.2.4.1 Ziel und Zweck
6.2.4.2 Geltungsbereich
6.2.4.3 Zuständigkeiten
6.2.4.4 Begriffe (nicht belegt)
6.2.4.5 Abläufe
6.2.4.6 Verbindliche Anschlußdokumente

6.2.4.1 Ziel und Zweck

Systematischer Verkauf der Produkte und Dienstleistungen durch direkte- und indirekte Marktbearbeitung unter Einsatz von Absatzmittlern.

6.2.4.2 Geltungsbereich

Gilt für alle Verkaufsaktivitäten im Unternehmen.

6.2.4.3 Zuständigkeiten

Der Verkauf ist zuständig für die rollierende Verkaufsplanung, Angebots- und Auftragsbearbeitung.

6.2.4.5 Abläufe

Veranwort).

Die rollierende Verkaufsplanung, Angebots- und Auftragsbearbeitung sind in Ablaufdiagrammen darzustellen und die Verantwortlichen zu benennen. Dabei sind abweichende Forderungen genau zu beachten, sowie die Überprüfung der Fähigkeit zur Vertragserfüllung und die Zusammenarbeit innerhalb des Unternehmens. Die rollierende Verkaufsplanung ist ein Planungsinstrument, welches Kundenforderungen nach sofortiger Lieferung und Unternehmensbelange nach vorausschauender Planung und Wirtschaftlichkeit (Produktion und Lager) regeln soll.

6.2.4.6 Verbindliche Anschlußdokumente

QM-Verfahrens- und Arbeitsanweisungen

Rollierende Verkaufsplanung. Die rollierende Verkaufsplanung ist eine Abnahmeplanung in Quartalsperioden, die den laufenden Marktanforderungen angepaßt ist. Dabei können längerfristige Planungsperioden größere Abweichungen aufweisen als kurzfristige Planungsperioden, d. h. die Bandbreiten der Abweichungen werden zum aktuellen Termin hin immer kleiner. Durch diese Verkaufsplanung soll eine geordnete Produktionsplanung erreicht werden. Sie kann aber kurze Durchlaufzeiten in der Fertigung nicht ersetzen.

6.3   Designlenkung

6.3.1   Forderungen der Norm

6.3.1.1 Allgemeines

Kundenforderungen, Forderungen des Gesetzgebers und unternehmensinterne Forderungen sind in Produkten und Dienstleistungen unter wirtschaftlichen Gesichtspunkten zu realisieren. Dazu sind Entwicklungsprozesse zu definieren und aufrechtzuerhalten, die obige Produkte garantieren.

6.3.1.2 Design- und Entwicklungsplanung

Es sind Pläne zu entwickeln, welche Arbeitsbeschreibung inklusive Prüfungen, Zuständigkeiten und Aktualisierungsstand enthalten. Es müssen qualifiziertes Personal und angemessene Mittel bereitgestellt werden.

Die Entwicklungsplanung hat organisatorische und technische Schnittstellen zu definieren. Es ist ein System zu entwickeln, welches Entwicklungserfahrung für betroffene Stellen zur Verfügung stellt. Es muß eine dokumentierte Kommunikation innerhalb des gesamten Entwicklungsprozesses stattfinden.

6.3.1.3 Designvorgaben

Kundenforderungen, Forderungen des Gesetzgebers und unternehmensinterne Forderungen sind in Qualitätsmerkmale umzuwandeln (Pflichtenheft). Es sind Verfahren zu entwickeln, die die Ausgewogenheit zwischen Lasten- und Pflichtenheft sicherstellt und die Forderungen klar darstellen.

6.3.1.4 Designergebnis

Entwicklungsergebnisse sind in Spezifikationen darzustellen. Diese müssen die geforderten Vorgaben erfüllen, inklusive die gesetzlichen Auflagen. Für die Prüfung sind entsprechende Kriterien festzulegen. Qualitätsmerkmale für gesetzliche Auflagen (Sicherheit) und für kundenspezifische Forderungen sind zu kennzeichnen (kundenkritische Qualitätsmerkmale).

6.3.1.5 Designverifizierung

Für Entwicklungsprüfungen sind Erprobungsmethoden zu entwickeln, zu planen, festzulegen und entsprechend ausgebildetes Personal ist bereitzustellen. Entwicklungsprüfungen sind zu dokumentieren, freizugeben und evtl. mit bereits bekannten Entwicklungen zu vergleichen.

6.3.1.6 Designänderungen

Entwurfsänderungen sind genauso durch den Prüfungsprozeß zu führen, wie normale Entwicklungen. Sie sind zu dokumentieren, zu kennzeichnen und nach bestandener Prüfung freizugeben.

6.3.2 QM-Handbuch: Designlenkung

Inhaltsverzeichnis

6.3.2.1 Ziel und Zweck

①   ②

Die Entwicklung muß Kundenanforderungen, Forderungen des Gesetzgebers und Unternehmensforderungen in kundenkritische Qualitätsmerkmale am Endprodukt umwandeln (Pflichtenheft). Für diese Merkmale sind technische Lösungskonzepte zu suchen, Merkmalswerte und Toleranzen an Einzelteilen zu finden und durch Qualitätstechnik zu optimieren. Sie führen zu optimalen Sollwerten. Optimale Sollwerte sollen nach Möglichkeit unempfindlich auf Herstellungs- und Anwendungsschwankungen reagieren (Entwicklung robust machen).

Neben der reinen Entwicklung sind alle Funktionsbereiche (Herstellung, Prüfung, Service, Konstruktion, Arbeitsvorbereitung, Beschaffung) einzubinden (Teamarbeit). Zielvorstellung ist ein robustes Produkt, das nach der Null-Serie keiner Änderungen mehr bedarf, in bezug auf Kosten und Termine die Planwerte erreicht hat und den Anforderungen des Marktes, des Gesetzgebers und den Möglichkeiten des Unternehmens entspricht.

6.3.2.2 Geltungsbereich

Gilt für die Entwicklung neuer Produkte und Dienstleistungen.

6.3.2.3 Zuständigkeiten

Für den Entwicklungsprozeß und die daraus entstehenden Produkte und Dienstleistungen ist die Entwicklung verantwortlich. Weitere Abteilungen, wie das Marketing, die Beschaffung, die Konstruktion, die Arbeitsvorbereitung, die Produktion, das Qualitätswesen, der Kundendienst, das Controlling und der Modellbau sind eng eingebunden und haben Entwicklungsprodukte bezüglich ihrer Belange freizugeben.

6.3.2.5 Abläufe

Entwicklungsprozesse laufen stufenweise in engen Regelschleifen ab. Jede Stufe muß generell beendet werden, die folgenden Stufen können aber parallel ablaufen. Die Gliederung des Entwicklungsablaufes in folgende Stufen ist möglich:

Entwicklungsantrag. Der Entwicklungsantrag beinhaltet das Pflichtenheftkonzept, notwendige Patentrecherchen, Planung des gesamten Entwicklungsaufwandes und Einschätzung der Produktidee.

Marktanalyse. Inhalt der Marktanalyse sind Einsatzgebiete und Kundengruppen, Konkurrenzanalysen, Preise und Stückzahlen zusammengefaßt in einem Entwurf des Pflichtenheftes.

Projektstudie. In der Projektstudie findet die eigentliche Entwicklungsarbeit statt. Hier sollten auch schon die Bearbeitbarkeit, die Beschaffbarkeit, Kundendienstbelange und die Prüfbarkeit bearbeitet werden.

Prototypenherstellung und Prototypenerprobung. Wenn in der Vorstufe mittels Prinzipversuche bereits die Realisierbarkeit des Projekts geprüft wurde, sollte in dieser Stufe vom Qualitätswesen nur noch die Erfüllung der Anforderungen laut Pflichtenheft nachgewiesen werden.

Revision Marktanalyse. Bei längeren Entwicklungszeiten und laufenden Marktveränderungen ist eine erneute Marktüberprüfung sinnvoll.

Konstruktion und Fertigungsvorbereitung. Konstruktion und Fertigungsvorbereitung sollen so früh wie möglich im Entwicklungsprozeß beginnen. Die Einbeziehung von Teilfunktionen in die Stufe Projektstudie ist sinnvoll.

Nullserienherstellung und Nullserienerprobung. Die Nullserienerprobung sollte nur noch die Serienbedingungen berücksichtigen müssen.

Markteinführung. Bei der Markteinführung hat das Produkt Marktreife. Konstruktive Änderungen sind nur noch zur Erhöhung des Kundennutzens und somit zur Erhöhung der Wertschöpfung durchzuführen.

Entwicklungsprojekte werden zweckmäßig im Team unter Leitung eines Projektleiters realisiert, für die Projektplanung und die Prüfung der Wirtschaftlichkeit und Termine wird ein Entwicklungscontroller eingesetzt.

Qualitätssichernde Aufgaben des Q-Wesens. Stufe Projektstudie. Überprüfung der kundenkritischen Qualitätsmerkmale am Endprodukt. Entwickeln von Prüfmerkmalen (Prüfklasse 1). In Verbindung mit den Entwicklungsstellen laufende Überprüfungen von Funktion, Zuverlässigkeit, Sicherheit und Transportfähigkeit. In Verbindung mit der Beschaffung Überprüfung der Beschaffungsfähigkeit. In Verbindung mit der Produktion Überprüfung der Herstellbarkeit. **Stufe Prototypenerprobung.** Prüfung der Realisierung der kundenkritischen Qualitätsmerkmale in Funktion, Vollständigkeit, Zuverlässigkeit, Sicherheit, Transportfähigkeit. **Stufe Nullserienerprobung.** Prüfung der kundenkritischen Qualitätsmerkmale am Endprodukt. Überprüfung der Serieneinflüsse und entsprechende Anpassungen. Transportprüfungen und Sicherheitsüberprüfungen. Prüfplanung für die Herstellung. Entwickeln von Prüfmerkmalen (Prüfklasse 1) an Einzelteilen. Erstellen von Prüfanweisungen und Checklisten.

6.3.2.6 Verbindliche Anschlußdokumente

QM-Verfahrens- und Arbeitsanweisung

Ablaufmethodik für Entwicklungsprojekte. Diese Methodik regelt den Ablauf von Entwicklungsprojekten von der Produktidee bis zur Markteinführung. Dabei ist je nach Projektumfang eine Gliederung in Projektstufen vorzunehmen, detaillierte Arbeitsschritte und Prüfungen zu planen, zu dokumentieren und freizugeben. Anhand des Kapazitätsbedarfes der einzelnen Projekte wird ein Gesamtentwicklungsplan erstellt und bewirtschaftet. Kosten sind gleichfalls zu planen und zu überprüfen. Verantwortlich dafür ist der Projektleiter, der durch einen Kosten- und Termincontroller unterstützt werden kann. Die einzelnen Stufen, beispielhaft Entwicklungsantrag, Marktanalyse, Projektstudie, Prototypenherstellung- und Erprobung, Revision Marktanalyse, Konstruktion und Fertigungsvorbereitung, Nullserienherstellung und Erprobung und Markteinführung sind einheitlich zu gliedern und einzeln abzuschließen. Sie sollen aber im Projektablauf zur Zeitverkürzung parallel laufen. In der vorangegangenen Stufe müssen neben dem Soll-Istvergleich jeweils die Planungen für die nächste Stufe erfolgen.

Technische Änderungen. Konstruktionsunterlagen unterliegen einem geregelten Änderungswesen, das nach der Nullserie in Aktion tritt. Änderungen sind systematisch nach einem Ablaufplan durchzuführen, damit in der Fertigung aktuelle Unterlagen verfügbar sind. Der Ablauf gliedert sich in Änderungsantrag, Bearbeitung und Durchführung. Änderungsanträge unterliegen einem Genehmigungsverfahren, welches nach Aufwand und Auswirkung gestaffelt ist. Konstruktionsunterlagen sind wie alle anderen Dokumente des Unternehmens im Qualitätshandbuch unter dem Kapitel: "Lenkung der Dokumente" aufgeführt und unterliegen auch den dort angesprochenen Regeln.

Qualitätsplanung in der Entwicklung. Qualitätsplanungen sollen die Qualitätsziele am Produkt und an der Dienstleistung und die entsprechenden Prozesse sichern und weiterentwickeln. In den Entwicklungsstufen Projektstudie, Prototypenerprobung und Nullserienerprobung sind Planungen und Prüfungen durchzuführen. Entsprechende Checklisten sind dabei hilfreich.
Projektstudie. Es werden die internen und externen Kundenanforderungen und die Forderungen des Gesetzgebers analysiert, in kundenkritische Qualitätsmerkmale umgewandelt und Prüfmerkmale am Endprodukt bezüglich Anwendung, Zuverlässigkeit und Sicherheit entwickelt. Gleichzeitig findet die Prüfplanung für die Prototypenerprobung statt.
Prototypenerprobung. Nach Prüfplan sind Anwendung, Sicherheit, Umweltverträglichkeit, Transportfähigkeit, Herstellbarkeit und Beschaffbarkeit zu überprüfen. Die Prüfbarkeit und die erforderlichen Prüfmittel sind zu planen. Baugruppen, Einzelteile und Rohmaterialien, die kundenkritische Qualitätsmerkmale besitzen, sind aufzulisten und mit Prüfklasse 1 zu kennzeichnen. Die Prüfplanung für die Nullserienerprobung wird getätigt.
Nullserienerprobung. Die Erprobung der Nullserie und auch schon der Prototypen soll nur den gewünschten Entwicklungsstand bestätigen und keine umfangreichen Änderungen auslösen. Bei der Nullserienerprobung findet die Überprüfung von Funktion und Sicherheit, der Kennzeichnung von Geräten, Bauguppen und Einzelteilen, der Dokumente mit kundenkritischen Qualitätsmerkmalen und der Qualitätsaufzeichnungen statt. Die Prüfplanung für die Serienprüfungen ist zu erstellen.

Erstellung von Fertigungsunterlagen in der Konstruktion. Der Ablauf der Erstellung ist als Ablaufdiagramm darzustellen und die Zuständigkeiten und die Schnittstellen festzulegen. Die Grundlagen zur Erstellung sind aufzuzeigen, wie z. B. Euro- und DIN Normen, interne Werknormen, Verfahrens- und Arbeitsanweisungen der Arbeitsvorbereitung, Fertigung und Verpackung. Die Kennzeichnung ist zu regeln, ebenso der Änderungsdienst und die Erstellung und Freigabe der Unterlagen.

Erstellung von Fertigungsunterlagen in der Arbeitsvorbereitung. Der Aufbau von Arbeits- und Terminplänen, Dispositions- und Plankarten, Mate-

rialentnahme- und Lagerüberweisungsscheine ist darzulegen. Speziell für Arbeitspläne sind Abläufe für Neuerstellung und Änderungen zu erstellen. Die Kennzeichnung, Erstellung und Freigabe ist zu regeln.

Wertanalyse. Lean Production befaßt sich auch mit der Wertschöpfung von Produkten und Dienstleistungen. In der Entwicklungsphase ist ein wichtiges Werkzeug dazu die Wertanalyse. Die Wertanalyse durchleuchtet alle Baugruppen und Einzelteile eines Produktes, die Strukturierung einer Dienstleistung oder eines Prozesses und stellt fest, ob bei vorgegebener Qualität die Auslegung und der Aufbau mit dem geringstmöglichen Mitteleinsatz erfolgt. Wertanalyse ist im Team, vor allem bei neuen Produkten und Dienstleistungen oder bei größeren Änderungen anzuwenden. Damit wird sichergestellt, daß neben den Terminen und der Qualität auch die Kosten ständig beachtet und optimiert werden.

Erstellung von Gebrauchsanweisungen. Immer komplexere Produkte und Forderungen der Produkthaftung bezüglich ihrer Darstellung machen die Erstellung und den Aufbau von Gebrauchsanweisungen zu einem schwierigen Unterfangen. Hier sind neue Wege der Darstellung unter Berücksichtigung der Kundenforderung nach möglichst kurzen und einfachen Darstellungen zu suchen. Sind Systeme der Datenverarbeitung vorhanden, so bieten sich Benutzerführungen auf dem Bildschirm an.

Qualitätssicherungs-Werknormen. Jedes Unternehmen sollte die wichtigsten Qualitätsmerkmale für seine Produkte und Dienstleistungen, die langfristig keiner Änderung unterliegen, in einer Werknorm festschreiben. Diese Werknorm ist analog einer DIN Norm aufgebaut, entsprechend gekennzeichnet und unterliegt einem Änderungsdienst. Da diese Normen das gesamte Unternehmen umfassen, ist ein Team zur Werknormenerstellung und Bewirtschaftung sinnvoll.

6.4   Lenkung der Dokumente

6.4.1   Forderungen der Norm

6.4.1.1 Genehmigung und Herausgabe von Dokumenten

Durch ein System ist sicherzustellen, daß gültige, geprüfte und freigegebene Dokumente für die jeweilige Tätigkeit der Qualitätssicherung verfügbar sind. Die Prüfung hat durch befugte Personen zu erfolgen. Ungültige Dokumente sind aus dem Fertigungsprozeß auszuscheiden.

6.4.1.2 Änderungen / Modifikationen von Dokumenten

Änderungen sind dort vorzunehmen, wo Dokumente erstellt worden sind. Änderungen werden laufend gekennzeichnet und mit einem entsprechenden System überwacht, damit keine ungültigen Dokumente verwendet werden. Dokumente sind nach einer gewissen Anzahl von Änderungen neu herauszugeben.

6.4.2   QM-Handbuch: Lenkung der Dokumente

Inhaltsverzeichnis

6.4.2.1 Ziel und Zweck

In diesem Kapitel ist die Definition und Behandlung qualitätsrelevanter Dokumente festgelegt, wie:

*   Verantwortung für Erstellung, Freigabe und Durchführungsort.

*   Verteilung und Einzug von Dokumenten.

*   Aufbewahrungsort und Aufbewahrungsart.

Damit wird sichergestellt, daß bei allen Tätigkeiten und Abläufen, die für eine wirksame Funktion des Qualitätsmanagement-Systems wesentlich sind, gültige Arbeitsunterlagen zur Verfügung stehen. Zu beachten ist, daß alle qualitätsrelevanten Dokumente des Unternehmens in diesem Kapitel zusammengefaßt werden.

6.4.2.2 Geltungsbereich

Gilt für alle Dokumente im Unternehmen, welche Qualitätsforderungen enthalten.

6.4.2.3 Zuständigkeiten

Für das Erstellen, Einziehen und Archivieren von Dokumenten sind alle Bereiche im Unternehmen zuständig.

6.4.2.4 Begriffe

Dokumente enthalten Anweisungen oder / und Forderungen für Prozesse und Produkte.

6.4.2.5 Dokumentenmatrix und Ablauf

Dokumentenmatrix. In einer Dokumentenmatrix sind alle qualitätsrelevanten Dokumente des Unternehmens zusammenzustellen. Die Dokumente werden im Block, den jeweiligen Hauptabteilungen entsprechend, zusammengestellt. Ferner sind folgende Punkte darzustellen:
Verantwortung, Freigabestelle, Änderungsart, Verantwortung für die Änderung, Rückverfolgbarkeit, Ausgabestelle, Ausgabeort, Aufbewahrungsort und Aufbewahrungsart, Einzug alter Dokumente, Prüfung und Aufbewahrungszeit.

Änderungsablauf. Für Änderungen ist ein Ablaufplan mit der Verantwortung zu erstellen.

6.4.2.6 Verbindliche Anschlußdokumente

QM-Verfahrens- und Arbeitsanweisungen

Lenkung der Dokumente. Für die wichtigsten Dokumente sind in den entsprechenden Fachbereichen Verfahrens- und Arbeitsanweisungen zu erstellen, die Abläufe, Zuständigkeiten, Schnittstellen, Erstellung, Freigabe und Änderungsdienst regeln.

6.5   Beschaffung

6.5.1   Forderungen der Norm

6.5.1.1 Allgemeines

Sämtliche Produkte und Dienstleistungen müssen so in das Unternehmen einfließen, daß sie keine Abweichungen gegenüber den Anforderungen enthalten.

6.5.1.2 Beurteilung von Unterlieferanten

Lieferanten sind so auszuwählen, daß sie qualitätsfähig sind. Der Qualitätsstand ist laufend zu dokumentieren. Eine Überprüfung des Qualitätsmanagement-Systems des Lieferanten durch ein Systemaudit ist vorzusehen.

6.5.1.3 Beschaffungsangaben

Beschaffungsunterlagen sind vor der Weitergabe an den Lieferanten bezüglich eindeutiger Produkt- und Dienstleistungsmerkmale zu überprüfen und freizugeben.

6.5.1.4 Verifizierung von beschafften Produkten

Der Abnehmer muß sich bei der Wareneingangsprüfung oder beim Lieferanten über die Einhaltung der festgelegten Forderungen überzeugen. Trotz dieser Überprüfung hat der Lieferant seine Produkte gemäß den Vereinbarungen zu liefern und seine Fertigung entsprechend zu steuern.

6.5.2   QM-Handbuch: Beschaffung

Inhaltsverzeichnis

6.5.2.4 Begriffe (nicht belegt)
6.5.2.5 Beschaffungsaktivitäten
6.5.2.6 Verbindliche Anschlußdokumente

6.5.2.1 Ziel und Zweck

Die Beschaffung hat qualitative Produkte zu beschaffen, die Sicherung der vorgegebenen Qualität mit möglichst geringen Kosten sicherzustellen und das Unternehmen vor fehlerhaften Teilen zu schützen.

Dieses Ziel erreicht sie durch vollständige und überprüfte Einkaufsspezifikation, durch eine Lieferantenauswahl inklusive Audit, durch ein Lieferantenbewertungsystem und durch Eingangsprüfungen.

6.5.2.2 Geltungsbereich

Gilt für alle Beschaffungsvorgänge.

6.5.2.3 Zuständigkeiten

Entwicklung: Für Spezifikationen
Beschaffung / Qualitätswesen: Für Lieferantenauswahl und Lieferantenbewertungssystem
Qualitätswesen: Für Eingangsprüfungen

6.5.2.5 Beschaffungsaktivitäten

Beschaffungsablauf. Der Ablauf der Beschaffungsaktivitäten mit den Zuständigkeiten, evtl. getrennt nach Warengruppen, ist darzustellen. Der Beschaffungsablauf beginnt mit den Beschaffungsunterlagen, behandelt Angebote, Auswahl neuer Lieferanten, Lieferantenbewertung durch Audit, Erstmusterlieferungen, Freigaben und endet mit den Aufträgen für Serienlieferungen.
Lieferantenbeurteilung. Lieferantenbeurteilungen sind Systemaudit und laufende Lieferantenbewertung mittels Qualitätszahlen. Systemaudits beim Lieferanten sind bei der Lieferung von Teilen mit kundenkritischen Qualitätsmerkmalen durchzuführen. Dabei können die gleichen Unterlagen benutzt

werden, wie für interne Audits im Unternehmen. Sie sind aber jeweils an das betreffende Unternehmen anzupassen.

Qualitätszahlen (QZ) sind für Lieferantenbewertungen brauchbare Instrumente. In diese Zahlen gehen neben den Prozentsätzen der Zurückweisung auch die Wertigkeit der Produkte ein. Qualitätszahlen werden ausgewiesen für jede Lieferung (QZ 1), für fünf laufende Bewertungen (QZ 5) und für die Jahresbewertung des Lieferanten und seiner einzelnen Produkte. Sie dürfen einen bestimmten Wert nicht unterschreiten, sonst sind Maßnahmen zur Qualitätsverbesserung notwendig oder es erfolgt eine Ablehnung des Lieferanten. Die Jahresbewertung ist dem Lieferanten bekanntzugeben.

Preisentwicklungen sind ebenso zu verfolgen, sowie die Termintreue von Lieferanten.

Beschaffungsunterlagen. Beschaffungsunterlagen sind technische Liefer- und Bezugsbedingungen (TLB) und Produktbeschreibungen. In technischen Liefer- und Bezugsbedingungen werden zwischen Lieferant und Abnehmer spezielle Produktspezifikationen, wie Lieferung von Prüfzertifikaten, Abnahmeprüfungen beim Lieferanten und Eingangsprüfungen beim Abnehmer in gemeinsamer Absprache vereinbart.

Produktbeschreibungen, wie technische Zeichnungen, Spezifikationen, Qualitätsabnahmebedingungen, Prüfanweisungen, Liefernormen und Pflichtenhefte sind neben den Bestellunterlagen Bestandteile der Beschaffungsunterlagen.

6.5.2.6 Verbindliche Anschlußdokumente

QM-Verfahrens- und Arbeitsanweisungen

Beschaffungsmarketing. Sämtliche Aktivitäten der Beschaffung, die infolge der immer kleiner werdenden Fertigungstiefe einen beträchtlichen Umfang haben können, sind in QM-Verfahrens- und Arbeitsanweisungen zu regeln.

Qualitätsabnahmebedingungen. Qualitätsabnahmebedingungen sollten, gleich wie Beschaffungsbedingungen, ein fester Bestandteil der allgemeinen Beschaffungsunterlagen sein und für eine gewisse Zeit festgeschrieben werden.

Die Qualitätsabnahmebedingungen enthalten Festlegungen des Unternehmens bezüglich seiner Anspruchsklasse der Qualität. Ferner werden die Grundlagen der Qualitätssicherung dargestellt, wie Annahme nach Stichproben, Prüfunterlagen, Prüfpläne, Lieferantenaudit und Lieferantenbewertung. Maßnahmen während der Erstmusterprüfungen, Prüfungen der Nullserie und Serienprüfungen sind festzulegen. Dabei spielen Regelungen bei der Lieferung von fehlerhaften Teilen eine wichtige Rolle.

Lieferantensystemaudit. Für Teile mit kundenkritischen Qualitätsmerkmalen, die auf den Spezifikationen mit "Prüfklasse 1" gekennzeichnet sind, ist die Qualitätsfähigkeit des Lieferanten zu ermitteln. Das geschieht mit einem Lieferantenaudit. Die Grundlage bildet die Verfahrensanweisung für interne Audits. Dabei ist der Umfang des Systemaudits den Gegebenheiten des Lieferanten anzupassen. Lieferanten mit einem zertifizierten Qualitätsmanagement-System müssen den Nachweis der Qualitätsfähigkeit nicht nochmals erbringen. Außerdem wirkt sich eine gute Zusammenarbeit und gegenseitige Hilfestellung zwischen Kunden und Lieferanten positiv auf die Beziehungen und auf die Qualität der Lieferungen aus.

6.6   Vom Auftraggeber beigestellte Produkte

6.6.1   Forderungen der Norm

Beigestellte Produkte sind den gleichen Qualitätssicherungsmaßnahmen zu unterziehen, wie eigene Produkte.

6.6.2   QM-Handbuch: Vom Auftraggeber beigestellte Produkte

Inhaltsverzeichnis

6.6.2.1 Ziel und Zweck
6.6.2.2 Geltungsbereich (nicht belegt)
6.6.2.3 Zuständigkeiten
6.6.2.4 Begriffe (nicht belegt)
6.6.2.5 Darstellung
6.6.2.6 Verbindliche Anschlußdokumente

6.6.2.1 Ziel und Zweck

Vom Auftraggeber beigestellte Produkte sind so zu regeln, daß alle erforderlichen qualitätssichernden Maßnahmen getroffen werden und daß Produkte die gleiche Qualitätsanspruchsklasse wie eigene Produkte erreichen.

6.6.2.3 Zuständigkeiten

Es sind alle diejenigen Bereiche zuständig, die mit beigestellten Produkten befaßt sind.

6.6.2.5 Darstellung

Vom Kunden können Produkte beigestellt werden, die im Herstellungsverfahren des Lieferanten mit Verwendung finden und sich im Endprodukt wiederfinden. Diese Produkte müssen genau wie Eigenprodukte behandelt werden, d. h. spezifiziert, geprüft und dokumentiert werden.

Der Lieferant übernimmt auch für diese Produkte am Endprodukt die Verantwortung und muß seine Qualitätssicherungsmaßnahme, die in den entsprechenden Kapiteln beschrieben sind, fallweise anwenden.

6.6.2.6 Verbindliche Anschlußdokumente

QM-Verfahrens- und Arbeitsanweisungen

Alle Aktivitäten für beigestellte Produkte, sowie deren eindeutige Identifizierung sind zu planen, zu überprüfen und zu dokumentieren.

6.7   Identifikation und Rückverfolgbarkeit von Produkten

6.7.1   Forderungen der Norm

Bei Notwendigkeit sind Produkte über den gesamten Qualitätskreis den entsprechenden Spezifikationen zuzuordnen, zu dokumentieren und zu kennzeichnen.

6.7.2   QM-Handbuch: Identifikation und Rückverfolgbarkeit von Produkten

Inhaltsverzeichnis

6.7.2.3 Zuständigkeiten
6.7.2.4 Begriffe (nicht belegt)
6.7.2.5 Darstellung
6.7.2.6 Verbindliche Anschlußdokumente

6.7.2.1 Ziel und Zweck

Mit einem Identifikations-System ist sicherzustellen, daß Rohmaterialien, Teile, Baugruppen, Geräte und Dokumente während der Herstellung, Lagerung und des Produkteinsatzes auf dem Markt rückverfolgbar sind.

6.7.2.2 Geltungsbereich

Gilt von der Beschaffung bis zum Produkteinsatz.

6.7.2.3 Zuständigkeiten

Für Identifikation und Rückverfolgbarkeit ist der Hauptbereich Fertigung zuständig. Die Marktfunktionen (Verkauf, Kundendienst) müssen eingeschlossen sein.

6.7.2.5 Darstellung

In einer Matrix sind die verschiedenen zu kennzeichnenden Produkte und Dokumente, die Art der Kennzeichnung und der Inhalt der Kennzeichnung darzustellen.

6.7.2.6 Verbindliche Anschlußdokumente

QM-Verfahrens- und Arbeitsanweisungen

Kennzeichnung von Arbeitsdokumenten, Rohmaterial, Handelsware, Einzelteile, Baugruppen, Geräte und Zubehör. In diesen Verfahrens- und Arbeitsanweisungen sind das Kennzeichnungssystem, der Umfang der Kennzeichnung, die Art der Anbringung auf das Produkt, die Dokumentation und Rückverfolgbarkeit in den einzelnen Abteilungen des Unternehmens und auf dem Markt sicherzustellen.

6.8   Prozeßlenkung (in Produktion und Montage)

6.8.1   Forderungen der Norm

6.8.1.1 Allgemeines

Fertigungs- und Montageverfahren sind so zu planen und zu dokumentieren, daß sie unter beherrschten Bedingungen nach einschlägigen Normen und Qualitätssicherungs- Anweisungen ablaufen. Einrichtungen und Arbeitsbedingungen müssen qualitätsfähig sein und unterliegen einer Abnahme. Es hat eine Prozeßlenkung zu erfolgen. Grundlage sind spezifische Prozeß- und Produktmerkmale.

6.8.1.2 Spezielle Verfahren

Bei speziellen Verfahren lassen sich die Ergebnisse erst im Gebrauch feststellen. Spezielle Verfahren sind durch Prüfung der Prozeßmerkmale abzusichern. Sie unterliegen einer Überprüfung der Maschinen- und Prozeßfähigkeit. Eine Dokumentation darüber, einschließlich über die Qualifikation des Personals, ist anzulegen.

6.8.2   QM-Handbuch: Prozeßlenkung (in Produktion und Montage)

Inhaltsverzeichnis

6.8.2.1   Ziel und Zweck

Erfüllung von geforderten Qualitätsmerkmalen an Produkten durch beherrschte und qualitätsfähige Prozesse. Durch Prozeßbeeinflussungen sind Streuungen zu verkleinern, da sonst Abweichungen von optimalen Sollwerten zur Risikovergrößerung führen (Prozeß robust machen). Durch das Selbstprüferprinzip sind Regelschleifen klein zu halten. Prozeßoptimierungen sind mit Qualitätstechniken durchzuführen.

6.8.2.2 Geltungsbereich

Gilt für alle Produktionsbereiche

6.8.2.3 Zuständigkeiten

Die Produktion ist in Zusammenarbeit mit Arbeitsvorbereitung und Qualitätswesen verantwortlich für:

- Planung und Überprüfung der Maschinen- und Prozeßfähigkeit

- Ablaufpläne für normale Verfahren

- Ablaufpläne für spezielle Verfahren

- Erstellung von Arbeitsanweisungen

- Erstellung von Prüfanweisungen und Checklisten

- Überwachen und Steuern der Prozeß- und Produktmerkmale

- Instandhaltung und Wartung

- Bereitstellung von Meßmitteln

6.8.2.4 Begriffe

Spezielle Verfahren

Verfahren, bei denen die Erfüllung der vorgegebenen Forderungen bezüglich
der Produkt-Qualitätsmerkmale durch eine Prüfung am Endprodukt nicht im
vollen Umfang sichergestellt werden kann. Bei speziellen Verfahren sind die
Prozeßparameter zu sichern.

6.8.2.5 Produktionsablauf und spezielle Verfahren

Produktionsablauf. Ein umfassender Ablaufplan mit den Zuständigkeiten für
den Produktionsablauf ist zu erstellen. Ausführungsunterlagen sind bereitzustellen. In einer Matrix sind die Ausführungsunterlagen für die Fertigung

darzustellen. Die Maschinen- und Prozeßfähigkeit ist zu sichern durch Bereitstellung von Prüfplanungsunterlagen und Meßmitteln, durch Prozeßfähig-
keitsuntersuchungen, durch Prozeßprüfungen und -lenkungen.

Instandhaltung und Wartung. Arbeitsmittel sind vorbeugend so zu warten,
daß eine ständige Einsatzbereitschaft und Qualitätsfähigkeit gewährleistet ist.
Maschinen und Anlagen müssen so beschaffen sein, daß die erforderlichen
Anforderungen der Spezifikationen statistisch erfüllbar sind.

6.8.2.6 Verbindliche Anschlußdokumente

QM-Verfahrens- und Arbeitsanweisungen

Instandhaltung und Wartung. Instandhaltung und Wartung dient zur Sicherstellung einer optimalen Anlagenverfügbarkeit, guten Arbeitsbedingungen
und Sicherheit und zur Einsparung von Werkstoffen und Energie. Für sämtliche Anlagen sind Wartungspläne zu erstellen, die neben den Wartungsinterval-
len, die erforderlichen Tätigkeiten und Parameter der Überprüfung enthalten.
Grundlagen dazu sind die Wartungsempfehlungen der Hersteller. Eine Datei
mit allen relevanten Daten und ein Ersatzteillager ist einzurichten.

Spezielle Verfahren. Bei speziellen Verfahren sind die Bedienschritte zu
beschreiben. Prozeßparameter sind mit entsprechenden Toleranzen, Prüfungen, Dokumentationen und Lenkungen festzulegen. Prüfungen sind in Prüfanweisungen umfassend zu beschreiben. Die Meßeinrichtungen unterliegen der
Prüfmittelüberwachung. Das Personal muß der Stellenbeschreibung und dem
Anforderungsprofil (Ausbildung und Erfahrung) entsprechen und ist periodisch zu schulen.

6.9   Prüfungen

6.9.1   Forderungen der Norm

6.9.1.1 Eingangsprüfungen

Abläufe und Zuständigkeiten sind so zu regeln, daß Produkte und Dienstleistungen nur dann weiterbearbeitet werden, wenn sie den Anforderungen
entsprechen. Dabei sind die Maßnahmen der Qualitätssicherung beim Zuliefe-
rer zu berücksichtigen. Freigaben ohne Eingangsprüfung bedürfen einer besonderen Regelung bezüglich Kennzeichnung und Dokumentation.

6.9.1.2 Zwischenprüfungen

Abläufe und Zuständigkeiten sind so zu regeln, daß Produkte und Dienstleistungen nur dann weitergeleitet werden, wenn sie den Anforderungen entsprechen, gekennzeichnet und dokumentiert sind.

Sonderfreigaben und fehlerhafte Produkte bedürfen einer besonderen Regelung bezüglich Kennzeichnung und Dokumentation.

Durch Prozeßüberwachung und Prozeßlenkung sind die festgelegten
Produktanforderungen zu garantieren.

6.9.1.3 Endprüfungen

Die Qualitätssicherung im gesamten Unternehmen ist so zu planen und durchzuführen, daß Produkte und Dienstleistungen beim Erreichen der Endprüfung
sämtliche Anforderungen erfüllt haben. Bei der Endprüfung ist ebenfalls der
Erfüllungsstand zu sichern. Der Versand darf erst nach erfüllter Endprüfung
und Freigabe der Qualitätsaufzeichnungen erfolgen.

6.9.1.4 Prüfaufzeichnungen

Für sämtliche Prüfungen gilt, daß Qualitätsaufzeichnungen vorhanden sein
müssen, die die Erfüllung der Anforderungen dokumentieren.

QM- Handbuch Prüfungen

Inhaltsverzeichnis

6.9.2.1 Ziel und Zweck
6.9.2.2 Geltungsbereich
6.9.2.3 Zuständigkeiten
6.9.2.4 Begriffe
6.9.2.5 Prüfungen
6.9.2.6 Verbindliche Anschlußdokumente

6.9.2.1 Ziel und Zweck

Durch Prüfungen werden Plananforderungen für Produkte, Dienstleistungen
und Prozesse mit dem Ist-Zustand verglichen. Prüfungen sind im gesamten

Qualitätsprozeß vorzunehmen, damit Mängel so früh wie möglich erkannt werden.

6.9.2.2 Geltungsbereich

Prüfungen sind in allen Phasen des Qualitätskreises, an Produkten, Dienstleistungen und Prozessen durchzuführen.

6.9.2.3 Zuständigkeiten

Für Prüfungen sind die jeweiligen Bearbeiter zuständig. Für vorgeschriebene Prüfungen (Drittprüfungen) sind Selbstprüfer und Qualitätswesen oder die entsprechenden Abteilungen zuständig.

6.9.2.4 Begriffe

Prüfung (DIN ISO 8402)
Eine Tätigkeit wie Messen, Untersuchen, Ausmessen von einem oder mehreren Merkmalen einer Einheit sowie Vergleichen mit festgelegten Forderungen, um festzustellen, ob Konformität für jedes Merkmal erzielt ist.

6.9.2.5 Prüfungen

Für die Eingangs-, Zwischen- und Endprüfungen sind Ablaufpläne zu erstellen und Zuständigkeiten festzulegen. Dabei sind die einzelnen Prüfschritte (Erstmusterprüfungen, Serienprüfungen), die Kennzeichnung und Freigaben zu berücksichtigen. Gliederungen der Ablaufpläne bei den Zuständigkeiten sind nach Materialgruppen oder Fertigungsabteilungen möglich.

6.9.2.6 Verbindliche Anschlußdokumente

QM-Verfahrens- und Arbeitsanweisungen

Eingangsprüfungen. Generell ist zu sagen, daß der Gesetzgeber die Eingangsprüfungen fordert, will der Kunde nicht seine Gewährleistungsansprüche verlieren. Eingangsprüfungen lassen sich auf ein Minimum reduzieren, wenn die Kommunikation zwischen Kunden und Lieferanten klappt. Es ist auch daran zu denken, daß partnerschaftliche Beziehungen aufzunehmen sind, auch wenn wir uns in einem Käufermarkt befinden. Folgende Aktivitäten mindern das Risiko zwischen beiden Partnern:

- Bereitstellung von aussagefähigen und richtigen Bestellunterlagen. Ergänzungen der Spezifikationen durch Technische Liefer- und Bezugsbedingungen, Qualitätsabnahmebedingungen und Prüfspezifikationen des Kunden.

- Der Lieferant besitzt ein zertifiziertes QM-System nach DIN ISO 9000. Kundenaudits können dann unterbleiben. Ein Firmenbesuch mit der Besichtigung der Prüfstellen, Kennenlernen der entsprechenden Verantwortlichen, Besprechungen bezüglich der zu liefernden Produkte sind trotzdem unerläßlich.

- Laufende Überprüfung der Lieferungen, entsprechende Rückmeldungen und das Fordern und Durchführen von Korrekturmaßnahmen. Langfristige (jährliche) Überprüfung der Qualitätslage mit Qualitätszahlen.

- Besonders bei neuen Lieferanten oder neuen Produkten sind entspechende Korrekturmaßnahmen unerläßlich mit dem Ziel, daß nach Lieferung der Nullserie der Lieferant aus dem Gesichtsfeld des Kunden verschwindet , d.h. ab diesem Zeitpunkt erfolgen die Lieferungen nach Vereinbarung und Korrekturmaßnahmen sind eine Ausnahme.

Bei der Eingangsprüfung wird die Ware durch die Warenannahme zur Prüfung bereitgestellt. Gleichzeitig erfolgt die Erfassung des Auftrages mittels elektronischer Datenverarbeitung.

Derartige CAQ-Systeme spielen eine wichtige Rolle im Unternehmen. Sie müssen aber untereinander vernetzt sein, da auf die Stammdaten eines Unternehmens zurückgegriffen werden muß. Der Ausdruck der Prüfspezifikationen kann bei jedem einzelnen Auftrag zweckmäßig sein. Auf jeden Fall müssen die Produktkodenummer, die gelieferte Stückzahl, die Produktbezeichnung und die Lieferfirma vorhanden sein.

Bewährt hat sich ein duales System. Für Teile mit Prüfspezifikationen nach DIN Normen, Werknormen, Datenblättern genügen die Prüfklasse, der Stichprobenumfang, die Prüfschärfe und die Qualitätszahlen der letzten Lieferung und der letzten fünf Lieferungen. Bei Teilen mit unternehmensspezifischen Prüfspezifikationen werden diese Dokumente mit bereitgestellt.

Firmenspezifische Prüfspezifikationen sollen die Art des Prüfmerkmales, einen Fehlerschlüssel, die Fehlerart, die Grenzwerte (Toleranzen), die Prüfmittel und Prüfbedingungen und den Prüfumfang dokumentiert haben. Der Fehlerschlüssel ist eine Kennziffer eines Fehlerkataloges, der unternehmensweit gilt und nach der Fehlerart am Teil fragt.

Neben diesem Ausdruck sind die Aussagen von Technischen Liefer- und Bezugsbedingungen und von mitgelieferten Prüfzertifikaten zu überprüfen. Bei Prüfzertifikaten kann sich die Prüfung auf eine Identifikationsprüfung reduzieren, welche lediglich die Art der Ware und die Quantität überprüft.

Bei Gut-Befund wird die Ware mit einem Begleitschein freigegeben. Bei Schlecht-Befund wird die Ware gesperrt. Die Eingangsprüfung stellt fest, ob eine Sonderfreigabe möglich ist. Sonderfreigaben werden für solche Waren erteilt, die keine kundenkritischen Qualitätsmerkmale besitzen. Diese Waren sind auf Verwendbarkeit zu überprüfen. Gleichzeitig sind die Spezifikationen mit zu überprüfen und bei Bedarf zu ändern. Außerdem findet die übliche Nacharbeits- und Ausschußbewirtschaftung statt.

Erstmusterprüfungen und Prüfungen von Nullserien finden immer 100%ig statt mit Prüfunterlagen, die von der Prüfplanung zu erstellen sind. Erstmusterprüfungen werden in einem Erstmusterprüfbericht dokumentiert. Bei Serienabweichungen wird ein Prüfbericht für den Lieferanten mittels elektronischer Datenverarbeitung erstellt und diesem zur Stellungsnahme und zur Einleitung von Korrekturmaßnahmen zugeschickt.

Fertigungsprüfungen. In der Fertigung trägt möglichst der Hersteller als Selbstprüfer die Verantwortung für die gelieferte Qualität. Deshalb ist die notwendige Prüfung Bestandteil des Arbeitsganges. Der Hersteller hat keine Waren aus der Abteilung weiterzuliefern, die er nicht für gut befunden hat.

Er wird unterstützt durch das Qualitätswesen, das die Prüfplanung erstellt, spezielle Prüfungen durchführt, für die Qualitätsfähigkeit der Meßmittel und für Produkt- und Verfahrensaudits verantwortlich ist. Spezielle Prüfungen sind Messungen, die sich zeitlich oder verfahrensmäßig nicht in den Fertigungsprozeß einfügen lassen. Das können aufwendige Erstmusterprüfungen sein oder Verfahrensprüfungen im Laborbetrieb.

Prüfplanungen sind generell vor der Nullserie zu erstellen und beim Nullseriendurchlauf zu überprüfen und zu korrigieren. Deshalb ist das Qualitätswesen bei neuen Produkten generell für alle Prüf- und Korrekturmaßnahmen der Nullserien zuständig. Prüfarbeitsgänge sind nach Möglichkeit in den Arbeitsplan zu integrieren. Bei umfangreichen Prüfungen, besonders im Montagebereich, sind aber spezielle Spezifikationen und Checklisten erforderlich.

Treten im Fertigungsbereich Abweichungen von den Soll-Werten auf, die sich nicht in der Abteilung beseitigen lassen, so führt das Qualitätswesen die notwendigen Fehleranalysen durch, stellt den Verursacher fest und leitet Maßnahmen für fehlerhafte Produkte ein. Für die Durchführung der Korrekturmaßnahmen ist der Verursacher zuständig.

6.10   Prüfmittel

6.10.1   Forderungen der Norm

Es ist ein System zu installieren, welches sicherstellt, daß alle im Unternehmen vorhandenen Prüfmittel, inklusive Lehren, Modelle usw. beim Einsatz qualitätsfähig sind. Dazu gehören:

- Die Auswahl geeigneter Prüfmittel mit bekannten Meßunsicherheiten und Genauigkeiten.

- Die Kennzeichnung der Meßmittel.

- Periodische Kalibrierung und Justierung gegen geeichte Maßverkörperungen.

- Die Kalibrierung geeichter Maßverkörperungen von zugelassenen und anerkannten Stellen.

- Die vollständige Dokumentation der erfolgreichen Durchführung der Eingangsprüfung und der weiteren Prüfungen.

- Ausscheiden fehlerhafter Prüfmittel.

- Sicherstellung geeigneter Umgebungsbedingungen.

- Anweisungen für Handhabung, Schutz und Lagerung.

- Die Sicherung für Hard- und Software gegen Verstellung.

6.10.2   QM-Handbuch: Prüfmittel

Inhaltsverzeichnis

6.10.2.1 Ziel und Zweck
6.10.2.2 Geltungsbereich
6.10.2.3 Zuständigkeiten
6.10.2.4 Begriffe
6.10.2.5 Abläufe
6.10.2.6 Verbindliche Anschlußdokumente

6.10.2.1 Ziel und Zweck

Zuverlässige Prüfmittel sind die Voraussetzung für zuverlässige Prüfergebnisse. Prüfmittel müssen in bestimmten Zeitabständen überwacht werden, um ihre Funktionalität zu garantieren.

6.10.2.2 Geltungsbereich

Gilt für alle im Unternehmen verwendeten Prüfmittel, inklusive der Prüfsoftware.

6.10.2.3 Zuständigkeiten

Für die Prüfmittelüberwachung ist das Qualitätswesen zuständig.

6.10.2.4 Begriffe

Zu beachten sind die Normen DIN 2257, DIN 55 350 und DIN 10 012.

6.10.2.5 Abläufe

Es sind Ablaufpläne inklusive Zuständigkeiten für die Planung, Beschaffung, Prüfung, Kennzeichnung, Dokumentation und den Unterhalt von Prüfmitteln aufzustellen.

6.10.2.6 Verbindliche Anschlußdokumente

QM-Verfahrens- und Arbeitsanweisungen

Prüfmittelüberwachung. In der Verfahrensanweisung Prüfmittel sind Ziel und Zweck der Prüfmittelüberwachung, der Geltungsbereich und die Zuständigkeiten zu definieren. Zuständigkeiten sind bindend für den Anwender, den Prüfmittelhalter und die Prüfmittelstelle.

Der Anwender hat auf die richtige Wahl des Prüfmittels, auf Umgebungsbedingungen, auf den richtigen Einsatz und bei Lehren auf den Aufbau, auf die Rückmeldung fehlerhafter Prüfmittel, auf die Pflege und ordnungsgemäße Lagerung zu achten. Der Prüfmittelhalter ist zuständig für die sachgemäße

Aufbewahrung, Veranlassung von Reparaturen bei außergewöhnlichen Vorfällen, für die Neubeschaffung und Verschrottung, Haltung der beigefügten Unterlagen und Sicherstellung der Sicherheitsvorschriften. Die Prüfmittelstelle ist für die Erfassung und Identifikation, für die Kennzeichnung und Registrierung aller Prüfmittel zuständig. Ferner für die Eingangsprüfung und für die periodischen Prüfungen, für die Festlegung der Kalibrierungs- und Wartungstermine, für die Kalibrierung, Wartung und Dokumentation der Prüfergebnisse, Bewirtschaftung aller Normale, die an externe Prüfstellen zur Überwachung eingeschickt werden müssen.

Die Prüfmittel sind in zwei Klassen einzuteilen. Die erste Klasse umfaßt alle Normale, die zur Kalibrierung der Meßmittel zweiter Klasse dienen und deshalb außer Haus überprüft werden müssen. Prüfmittel der zweiten Klasse sind alle Prüfmittel innerhalb des Unternehmens, die für laufende Meßaufgaben verwendet werden.

Prüfmittel sind zu kennzeichnen und zu registrieren. Dazu erhalten alle Prüfmittel eine Identnummer (Gravour oder Aufkleber). Bei der Verwendung eines Aufklebers trägt dieser auch das nächste Kalibrierdatum. Es ist eine Datenbank einzurichten, die EDV- mäßig bewirtschaftet, die Prüfdaten und Kalibriertermine enthält. Alle zu wartenden Prüfmittel werden periodisch auf einer Liste ausgedruckt. Diese Liste dient als Grundlage zum Einziehen und Kalibrieren der Prüfmittel durch die Prüfmittelstelle. Die Kalibriertermine richten sich nach der Gebrauchshäufigkeit. Generell ist durch laufende Überprüfung sicherzustellen, daß alle Prüfmittel und Normale des Unternehmens regelmäßig gewartet werden, damit ihre Qualitätsfähigkeit ständig gewährleistet ist.

Eingangsprüfungen für neue Prüfmittel können entfallen, wenn der Hersteller bei Lieferung die Qualitätsfähigkeit durch Zertifikat bestätigt. Innerhalb des Unternehmens sind für die Prüfungen Prüfanweisungen zu erstellen, die als Grundlage für die Prüfungen dienen. Werden Normale zur Nachkalibrierung zu staatlich anerkannten Stellen geschickt, so ist die erfolgte Kalibrierung durch Zertifikat zu bestätigen.

Hilfreich beim Aufbau eines Prüfmittelsystems sind die Normen DIN ISO 10012 "Forderungen an die Qualitätssicherung von Meßmitteln" und die Prüfanweisungen nach VDI/ VDE/ DGQ/ 2618.

6.11   Prüfstatus

6.11.1   Forderungen der Norm

Der Prüfstatus von Produkten muß sichtbar über den gesamten Qualitätskreis erkennbar sein und auch die Prüfstelle dokumentieren.

6.11.2   QM-Handbuch: Prüfstatus

Inhaltsverzeichnis

6.11.2.1 Ziel und Zweck

Durch entsprechende Kennzeichnung auf den spezifischen Unterlagen oder auf der Ware ist sicherzustellen, daß folgende Prüfzustände klar erkennbar sind:

* Nicht geprüfte, noch nicht freigegebene Produkte.
* Geprüfte und freigegebene Produkte.
* Fehlerhafte und deshalb gesperrte Produkte.

6.11.2.2 Geltungsbereich

Gilt für Teile, Baugruppen und Geräte in Eingangs-, Zwischen- und Endprüfung, sowie in sonstigen Abteilungen (z.B. Lager). Im weiteren Sinne sind sämtliche Produkte und Dienstleistungen so zu kennzeichnen, daß die Qualitätsfähigkeit erkennbar ist oder aber auch die Unbrauchbarkeit. Unbrauchbare Teile und Dienstleistungen sind aus dem Fertigungsprozeß auszuscheiden.

6.11.2.3 Zuständigkeiten

Für die Kennzeichnung des Prüfzustandes sind die Prüfer der Abteilung Qualitätswesen und die Selbstprüfer zuständig.

6.11.2.5 Prüfstatus

Die Sichtbarkeit des Prüfzustandes ist in einer Matrix darzustellen. Die betroffenen Abteilungen, Dokumente und die Verantwortung sind aufzuzeichnen.

6.11.2.6 Verbindliche Anschlußdokumente

QM-Verfahrens- und Arbeitsanweisungen

Die Beschreibung des Prüfstatus ist in den Verfahrensanweisungen über die Eingangs- und Fertigungsprüfung enthalten. Sie umfaßt alle Prüfschritte und alle Prüfstellen, die zur Erkennung des Prüfstatus beitragen. Dabei kann die Kennzeichnung auf den Produkten oder auf den Begleitdokumenten stattfinden. Wichtig ist, daß im gesamten Produkt- oder Dienstleistungserstellungsprozeß der Qualitätsstand erkennbar ist.

6.12   Lenkung fehlerhafter Produkte

6.12.1   Forderungen der Norm

Es sind Verfahren, Verantwortung und Befugnisse zur Behandlung fehlerhafter Produkte zu entwickeln und zu dokumentieren.

Fehler sind zu identifizieren, zu beurteilen, zu dokumentieren, auszuscheiden oder nachzuarbeiten.

Fehlerhafte Produkte sind an den Ort der Entstehung zurückzuverfolgen und Korrekturmaßnahmen einzuleiten.

6.12.1.1 Überprüfung und Behandlung fehlerhafter Produkte

Die Verantwortung und Befugnisse zur Behandlung fehlerhafter Produkte sind festzulegen und auszuführen.

Nachgearbeitete Produkte sind einer erneuten Prüfung zu unterziehen. Bei Notwendigkeit ist bei Sonderfreigaben oder Reparaturen die Zustimmung des Kunden einzuholen und der Zustand zu dokumentieren.

Kommt eine Nacharbeit nicht in Frage, so ist über Verschrottung, Zurückweisung oder Zurückstufung für eine andere Verwendung zu entscheiden und zu dokumentieren.

6.12.2 QM-Handbuch: Lenkung fehlerhafter Produkte

Inhaltsverzeichnis

6.12.2.3 Zuständigkeiten
6.12.2.4 Begriffe
6.12.2.5 Ablauf Fehlerbehebung
6.12.2.6 Verbindliche Anschlußdokumente

6.12.2.1 Ziel und Zweck

Es werden fehlerhafte und mangelhafte Einheiten unterschieden. Mangelhafte Produkte sind generell von der Weiterverarbeitung auszuschließen, während fehlerhafte Produkte auf Gebrauchstauglichkeit zu überprüfen sind. Die Behandlung der fehler- und mängelbehafteten Produkte schließt die Behebung der Ursachen ein.

6.12.2.2 Geltungsbereich

Gilt für Eingangs-, Zwischen- und Endprüfungen im Unternehmen.

6.12.2.3 Zuständigkeiten

Für Fehleranalyse ist das Qualitätswesen zuständig, für die Behebung die betroffene Abteilung.

6.12.2.4 Begriffe

Fehler (DIN ISO 8402)
Die Nichterfüllung einer festgelegten Forderung.

Mangel (DIN ISO 8402)
Die Nichterfüllung einer beabsichtigten Forderung oder einer angemessenen Erwartung, und zwar für den Gebrauch einer Einheit, eingeschlossen eine die Sicherheit betreffende.

6.12.2.5 Ablauf Fehlerbehebung

Für die Fehlerbehebung in Eingangs-, Zwischen- und Endprüfung sind Ablaufpläne zu erstellen. Fehlerbehebung in der Entwicklung, an Dokumenten, aus Audits, vom Kunden und aus Dienstleistungen sind in den entsprechenden

Qualitätsmanagement-Kapiteln geregelt.

6.12.2.6 Verbindliche Anschlußdokumente

QM-Verfahrens- und Arbeitsanweisungen

Die Beschreibung der Lenkung fehlerhafter Produkte ist aus den Verfahrensanweisungen der betroffenen Abteilungen des Unternehmens zu entnehmen.

6.13   Korrekturmaßnahmen

6.13.1 Forderungen der Norm

Es sind Verfahren zur Erkennung der Fehlerursachen und für entsprechende Korrekturmaßnahmen zu entwickeln, die Wiederholungsfehler unmöglich machen. Qualitätsaufzeichnungen sind einer Fehleranalyse zu unterziehen, die Fehlerschwerpunkte aufzeigt. Diese müssen korrigiert werden und unterliegen einer laufenden Überprüfung inklusive der damit verbundenen Herstellverfahren.Verfahren zur Fehlerrisikoabschätzung sind zu planen und einzuführen.

6.13.2 QM-Handbuch: Korrekturmaßnahmen

Inhaltsverzeichnis

6.13.2.1 Ziel und Zweck
6.13.2.2 Geltungsbereich
6.13.2.3 Zuständigkeiten
6.13.2.4 Begriffe
6.13.2.5 Datenherkunft, Analyse und Verantwortung
6.13.2.6 Verbindliche Anschlußdokumente

6.13.2.1 Ziel und Zweck

Die Einleitung von Korrekturmaßmahmen erfolgt auf Grund von Fehlerursachenanalysen und soll Wiederholfehler vermeiden. Ziel der Korrekturmaßnahmen ist die langfristige Qualitätsverbesserung.

6.13.2.2 Geltungsbereich

Gilt für das gesamte Unternehmen.

6.13.2.3 Zuständigkeiten

Generell gilt, daß Korrekturmaßnahmen von den betroffenen Bereichen durchzuführen sind. Die Unternehmensleitung trägt die Gesamtverantwortung und der Qualitätscontroller überprüft die Einhaltung.

6.13.2.4 Begriffe

Korrekturmaßnahme (DIN ISO 8402)
Tätigkeit, ausgeführt zur Beseitigung eines vorhandenen Fehlers, Mangels oder einer anderen unerwünschten Situation, um deren Wiederkehr vorzubeugen.

6.13.2.5 Datenherkunft, Analyse und Verantwortung

Datenherkunft
In einer Matrix sind Qualitätsdaten - Gruppen, Herkunft und Auswertungsperioden aufzulisten. Dabei spielen im Unternehmen installierte CAQ-Systeme (Computer-Aided-Quality- Assurance) eine Rolle.

Analyse und Verantwortung für Korrekturmaßnahmen
Qualitätsdaten sind periodisch zu analysieren. Die Analyse erfolgt anhand der Qualitätsziele.
    Die Fehlerursachen sind zu ermitteln, Korrekturmaßmahmen je nach Fehlerursache festzulegen, zu genehmigen und durchzuführen.
    Über die Ermittlung der Fehlerursache und die beschlossenen Korrekturmaßnahmen ist eine Dokumentation anzulegen. In einer Matrix sind Qualitätsdaten - Gruppen, die Verantwortung für die Behebung und Dokumentation aufzutragen.

Verantwortung der Geschäftsleitung
Ausgewählte Qualitätsdaten sind als Verdichtung vom Qualitätsbeauftragten der Geschäftsleitung zu berichten, von dieser zu analysieren und entsprechende Maßnahmen einzuleiten.

6.14   Handhabung, Lagerung, Verpackung und Versand

6.14.1 Forderungen der Norm

Verfahren für die Handhabung, Lagerung, Verpackung und Versand von Produkten sind zu planen und durchzuführen. Dabei ist sicherzustellen, daß Produkte gekennzeichnet werden, weder beschädigt noch beeinträchtigt werden und getrennt lagern. Das ist laufend zu überprüfen. Wenn notwendig, muß der Schutz bis zum Bestimmungsort gewährleistet sein. Verfahren zur Warenentnahme und Warenannahme sind zu planen und durchzuführen.

6.14.2 QM-Handbuch: Handhabung, Lagerung, Verpackung und Versand

Inhaltsverzeichnis

6.14.2.1 Ziel und Zweck

Festlegungen für Produkthandling und deren Durchführungen schützen die Produkte im Lager und während des internen und externen Transportes.

6.14.2.2 Geltungsbereich

Die Regelung umfaßt den Umgang mit Produkten vom Wareneingang bis zum Kunden.

6.14.2.3 Zuständigkeiten

Zuständig sind alle Abteilungen, die mit Produkten umgehen.

6.14.2.5 Umgang mit Produkten

Gegenstände müssen so gehandhabt, transportiert, verpackt und gelagert werden, daß weder Beschädigung noch Wertminderungen auftreten. Entsprechende Ablaufdiagramme sind zu erstellen.

6.14.2.6 Verbindliche Anschlußdokumente

QM-Verfahren- und Arbeitsanweisungen

Handhabung, Lagerung, Verpackung und Versand. Eine Verfahrensanweisung beschreibt den Umgang mit Produkten vom Wareneingang bis zum Endkunden. Dabei spielen die Art der Produkte, die Art des Unternehmens und die Verbraucherorte eine große Rolle.

Je nach Empfindlichkeit der Produkte, Lagerbedingungen und Transportwege innerhalb und außerhalb des Unternehmens sind die Handhabung, die Lagerung, die Verpackung und der Versand zu planen und zu organisieren.

Dabei können Lagersysteme, wie "First in first out", automatische Transportsysteme innerhalb des Unternehmens, Verpackungsprüfungen und Wiederverwendbarkeit und die verschiedenen Versandarten eine Rolle spielen.

6.15   Qualitätsaufzeichnungen

6.15.1 Forderungen der Norm

Qualitätsaufzeichnungen müssen dem Produkt zuordenbar sein und pfleglich eine vereinbarte Zeit unter angemessenen Bedingungen aufbewahrt werden. Die Verantwortlichen für Erstellung, Aufbewahrungsort, Aufbewahrungszeit und Kennzeichnung sind festzulegen.

6.15.2 QM-Handbuch: Qualitätsaufzeichnungen

Inhaltsverzeichnis

6.15.2.1 Ziel und Zweck

Qualitätsaufzeichnungen dienen zur Dokumentation von Ergebnissen von Qualitätsprüfungen. Unterschieden werden prozeß- und produktbezogene Qualitätsaufzeichnungen.

6.15.2.2 Geltungsbereich

Gilt für alle Abteilungen eines Unternehmens, die Qualitätsprüfungen durchführen.

6.15.2.3 Zuständigkeiten

Zuständig sind alle Abteilungen, die Qualitätsprüfungen durchführen.
Das sind hauptsächlich Marketing, Entwicklung, Fertigung, Kundendienst, Qualitätswesen und der Qualitätscontroller.

6.15.2.5 Umfang und Auswertung

Umfang. Der Umfang der Qualitätsaufzeichnungen ist in einer Matrix darzustellen. Beachtet werden Art der Aufzeichnungen, ausführende Abteilung, Aufbewahrungsort und Aufbewahrungszeit, Kennzeichnung.

Prüfdatenverarbeitung (Auswertung). In allen Abteilungen, wo Qualitätsdaten anfallen, sind Auswertungen mit entsprechenden CAQ-Systemen durchzuführen und bekanntzugeben. Beispielhaft sind das:
Marketing, Entwicklung, Beschaffung, Fertigung, Montage, Qualitätswesen, Kundendienst.

6.15.2.6 Verbindliche Anschlußdokumente

QM-Verfahrens- und Arbeitsanweisungen

CAQ-Systeme für Qualitätsplanung, Qualitätsprüfung und Qualitätslenkung. CAQ-Systeme (rechnerunterstützte Qualitätssicherungs-Systeme) sind in großer Anzahl auf dem Markt erhältlich. Besonders im Fertigungsbereich sind sie anzutreffen. Dabei ist zu bemerken, daß sie allein nur begrenzt Wirkung zeigen. Sie sind sicher sinnvoll und aus der Qualitätssicherung nicht mehr wegzudenken. Aber bei der Anwendung ist zu beachten, daß primär ein gut funktionierendes QM-System vorhanden ist, dann kann man an die Installation derartiger Systeme denken.

Insellösungen sind zu vermeiden, da bei operativen Aufgaben auf die Stammdaten eines Unternehmens zurückgegriffen werden muß, die in einer zentralen EDV-Anlage gespeichert sind. Personalcomputer sind denkbar, wenn die Anbindung an das zentrale EDV-System möglich ist.

CAQ-Systeme sind für Eingangs-, Fertigungs- und Endprüfungen erhältlich, ferner für die FMEA-Analyse, für die Meßmittelüberwachung, für die Prüfplanung, die Prüfdatenverarbeitung und für die Reklamationsbearbeitung.

6.16   Interne Qualitätsaudits

6.16.1   Forderungen der Norm

Zur Überwachung der Wirksamkeit eines Qualitätsmanagement-Systems sind interne Qualitätsaudits zu planen, durchzuführen, zu dokumentieren und den Bereichsleitungen bekanntzugeben. Diese haben entsprechende Korrekturmaßnahmen durchzuführen und zu überwachen.

6.16.2   QM-Handbuch: Interne Qualitätsaudits

Inhaltsverzeichnis

6.16.2.1 Ziel und Zweck
6.16.2.2 Geltungsbereich
6.16.2.3 Zuständigkeiten
6.16.2.4 Begriffe
6.16.2.5 Systemaudit
6.16.2.6 Verbindliche Anschlußelemente

6.16.2.1 Ziel und Zweck

Durch Q-Audits wird festgestellt, ob qualitätsbezogene Tätigkeiten und damit zusammenhängende Ergebnisse den geplanten Vorgaben entsprechen und ob diese Vorgaben effizient verwirklicht und geeignet sind, die Ziele zu erreichen. Notwendige Verbesserungen sind zu beurteilen, vom Verursacher durchzuführen und vom Qualitätscontroller zu überprüfen

6.16.2.2 Geltungsbereich

Qualitätsaudits werden auf das Qualitätsmanagement-System oder Elemente davon, auf Prozesse, Produkte oder Dienstleistungen angewendet.

6.16.2.3 Zuständigkeiten

Generell werden Qualitätsaudits von unabhängigen Personen durchgeführt. Produkt- und Verfahrensaudits führt das Qualitätswesen durch, Systemaudits der Qualitätscontroller.

6.16.2.4 Begriffe

Audit-art	Zweck	Grundlagen	Was wird beurteilt?
System-audit	Beurteilung der Wirksamkeit eines QM-Systems durch Plan-Ist-Vergleich der Dokumentation mit den vorgefundenen Prozessen im QM-system.	QM-Handbuch, Verfahrens- und Arbeitsanwei-sungen	alle Bereiche des Unter-nehmens
Ver-fahrens-audit	Beurteilung der Wirksamkeit von Verfahren oder Prozessen durch Plan-Ist-Vergleich der Dokumentation mit den erzielten Ergebnissen.	Verfahrens- und Prozeßunterlagen, Anforderungen an die Personalquali-fikation.	spezielle Herstellungs-verfahren und Prozesse
Produkt-audit	Beurteilung der Wirksamkeit von Verfahren und Prozessen durchPlan-Ist-Vergleich der Produktspezifikation mit dem Ergebnis.	Prüfspezifi-kationen	Produkte und Dienst-leistungen

Bild 6.3   Auditarten

6.16.2.5 Systemaudit

Nach der Erstellung des QM-Handbuches sind periodisch Systemaudits (Bild 6.4) durchzuführen. Als Grundlage kann der Fragenkatalog einer Zertifizierungsgesellschaft dienen. Später ist der Fragenkatalog auf alle Unternehmensbereiche zu erweitern. Befindet sich das Unternehmen in der Phase eines aktiven umfassenden Qualitätsmanagements, so sind Systemaudits auf die Anforderungen der "European Foundation for Quality Management, Eindhoven, Niederlande, auszurichten. Diese Institution vergibt an das Unternehmen mit der erfolgreichsten Praktizierung des TQM-Gedankens jährlich den "European Quality Award."

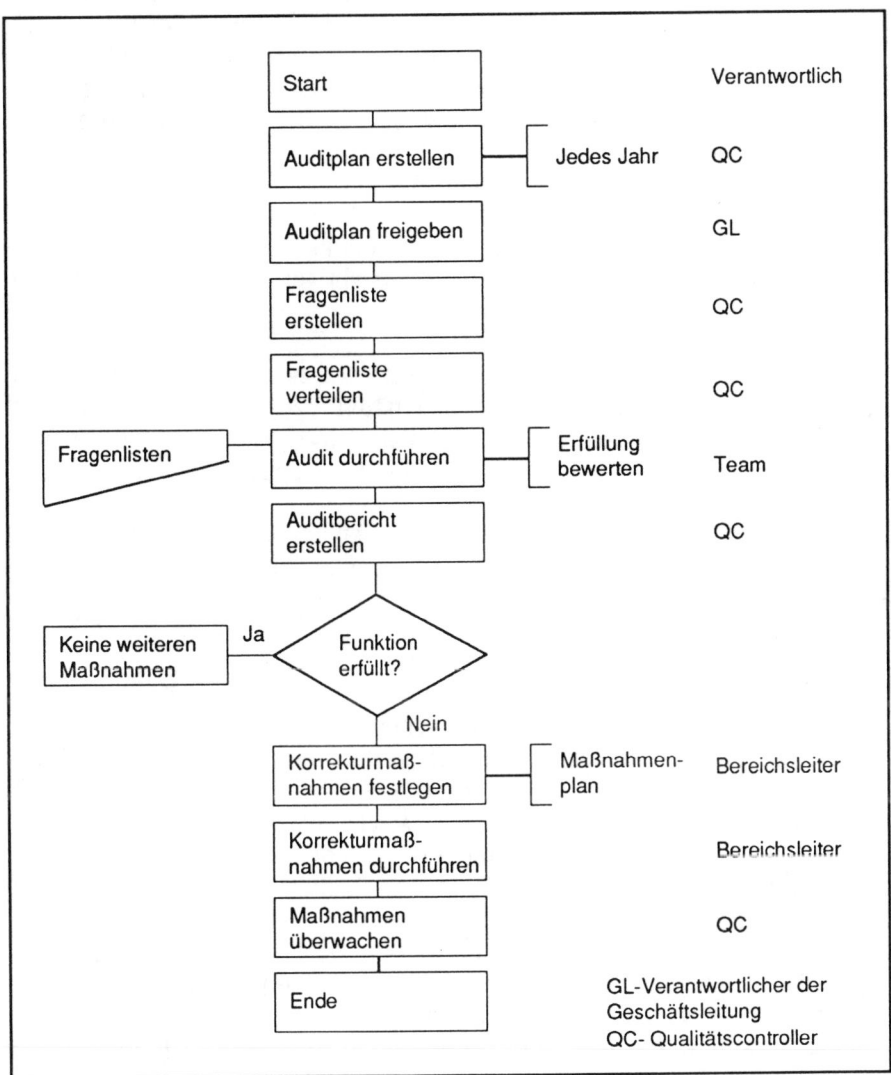

Bild 6.4 Systemaudit

6.16.2.6 Verbindliche Anschlußdokumente

QM-Verfahrens- und Arbeitsanweisungen

Produktaudit. Produktaudits finden für Produkte zur Überprüfung der Erfüllung der vorgegebenen Anforderungen statt. Außerdem wird damit auch im gesamten Unternehmen die Qualitätsfähigkeit der Selbstprüfer nachgewiesen. Diese Audits werden von Mitarbeitern des Qualitätswesens durchgeführt. Der Auditort ist in jedem Falle außerhalb der betroffenen Abteilung, da innerhalb von Abteilungen noch Korrekturen möglich sind. Die Stichprobenanzahl und die Annahmekennzahlen sind mit den Selbstprüfern zu vereinbaren. Aufgetretene Fehler und Mängel werden bekanntgegeben und dienen zur halbjährlichen Bewertung der Selbstprüfer durch einen Selbstprüferausschuß.

Um die Qualität der auszuliefernden Produkte festzustellen, sind Audits im Versand nützlich. Diese Audits berücksichtigen alle Kriterien, die ein Kunde von seinem Produkt erwartet.

Verfahrensaudit. Neben dem Systemaudit, welches sich auf die Anforderungen eines QM-Systems bezieht, sind speziell für Prozesse Verfahrensaudits auf allen Ebenen des Unternehmens erforderlich. Hier finden die ständigen Verbesserungen statt, die Wirtschaftlichkeit und Kundennähe garantieren.

Systemaudit. Die Funktion eines Qualitätssicherungs-Systems wird mittels Systemaudits überprüft. Zuständig dafür ist der Qualitätscontroller. Der Ablauf erfolgt nach einem Ablaufplan, der im QM-Handbuch beschrieben ist. Die Auditcheckliste hat sicher eine Schlüsselfunktion. Generell ist die Checkliste auf die Firmenbelange anzupassen.

Wird in einem Unternehmen nach der Installierung eines QM-Systems umfassendes Qualitätsmanagement betrieben, so sind die Kriterien des "European Quality Award" sicher nützlich. Bewertet werden Führung, Politik und Strategie, Mitarbeiterführung, Ressourcen, Prozesse, Kundenzufriedenheit, Auswirkungen auf die Gesellschaft und die Geschäftsergebnisse.

Die Beurteilung und Bewertung der Auditergebnisse kann nach Punkten erfolgen. Dabei bedeutet "erfüllt" 10 Punkte, "teilweise erfüllt, noch akzeptabel" 8 Punkte, "teilweise erfüllt, nicht akzeptabel" 4 Punkte und "nicht erfüllt" 0 Punkte. Bei der zusammenfassenden Bewertung eines Elementes wird jeder Frage das gleiche Gewicht zugeordnet. Die Bewertung ergibt den Mittelwert der erzielten Punkte. Sind alle zutreffenden Fragen eines Elementes mit 10 Punkten bewertet, so beträgt der Erfüllungsgrad 100%. Der Erfüllungsgrad ist die Summe aller erzielten Punkte, geteilt durch die Summe aller möglichen Punkte multipliziert mit 100%. Sind für ein QM-Kapitel mehrere Einzelbewertungen möglich, so ist der Gesamtdurchschnitt aus den Einzelbewertungen zu ermitteln. Die Einstufung des Systems erfolgt nach dem Gesamterfüllungs-grad in Prozent. Dabei bedeutet ein Wert größer 85 %: QM-System in Ordnung, ein Wert zwischen 50 - 85%: Lücken im QM-System sind zu schließen, bei einem Wert kleiner 50%: Neuaufbau des betroffenen Elementes. Für das Systemaudit ist die Norm DIN ISO 10011 "Leitfaden für das Audit von Qualitätssicherungs-Systemen" richtungsgebend.

6.17   Kundendienst

6.17.1   Forderungen der Norm

Verfahren und Zuständigkeiten für Kundendienstaufgaben sind zu planen.

6.17.2   QM-Handbuch: Kundendienst

Inhaltsverzeichnis

6.17.2.1 Ziel und Zweck
6.17.2.2 Geltungsbereich
6.17.2.3 Zuständigkeiten
6.17.2.4 Begriffe (nicht belegt)
6.17.2.5 Kundendienstaufgaben
6.17.2.6 Verbindliche Anschlußdokumente

6.17.2.1 Ziel und Zweck

Durch den Kundendienst wird der störungsfreie Gebrauch des erworbenen Produktes gesichert.

6.17.2.2 Geltungsbereich

Gilt für alle vom Unternehmen vertriebenen Produkte.

6.17.2.3 Zuständigkeiten

Für alle Aktivitäten nach dem Verkauf ist die Serviceabteilung zuständig.

6.17.2.5 Kundendienstaufgaben

Produktentwicklungsphase

- Sicherstellung der Wartbarkeit.
- Bekanntgabe der Verschleißteile.
- Bereitstellung technischer Dokumentation (Ersatzteillisten, Reparaturanleitungen).
- Verfügbarkeit der Servicetechniker und der Ersatzteile.

Produktnutzungsphase

- Optimaler Lieferungsprozeß für Produkte und Dienstleistungen
- Verfügbarkeit der Produkte und Dienstleistungen in- und außerhalb des Gewährleistungszeitraumes sicherstellen.
- Reklamationsbearbeitung und Produktverbesserungen.
- Marktbeobachtung bezüglich Ausfallverhaltens und Sicherheit.
- Für die Reklamationsbearbeitung ist zweckmäßigerweise ein Ablaufplan zu erstellen.

6.17.2.6 Verbindliche Anschlußdokumente

QM-Verfahrens- und Arbeitsanweisung

Reklamationsbearbeitung. Reklamationen vom Markt sind in einem Unternehmen zentral zu erfassen und zu bewirtschaften. Dabei hat der Eingang (Hotline für Servicetechniker) und die Bearbeitungsdauer (24 Stunden-Service) eine entscheidende Bedeutung. Im Rahmen der Reklamationsbearbeitung sind Korrekturen durchzuführen und Trends mittels Fehlerstatistik zu ermitteln.
Erstellung technischer Dokumentation. Um eine Serviceleistung auf dem Markt effizient durchführen zu können, sind entsprechende Dokumente, Werkzeuge und Meßgeräte notwendig. An Dokumenten werden Schaltbilder für elektrische Anlagen, Reparaturanleitungen und Ersatzteillisten benötigt. Periodische technische Informationen ergänzen obige Maßnahmen.

Ersatzteile/Reparaturen/Schulung. Es sind Arbeitsanweisungen zu erstellen, in denen der Ersatzteildienst, die Durchführung von Reparaturen und Schulungen von Kundendiensttechnikern beschrieben sind.

Marktbeobachtungen. Eine wichtige Tätigkeit sind ständige Marktbeobachtungen, Berichte und entsprechende Maßnahmen. Zu den Marktbeobachtungen gehören periodische Auswertungen über das Marktverhalten von Produkten und Dienstleistungen. Dazu zählen die Analyse von externen und internen Reparatur- und Serviceberichten, von Ersatzteillieferungen und von Reklamationen. Wirtschaftlichkeitsdaten des Verkaufs, wie Marktveränderungen, Marktanteile, Konkurrenzsituation und Verkaufszahlen ergänzen den Bericht über das Marktverhalten von Produkten.

6.18   Umweltschutz

6.18.1 Allgemeines

Der Umweltschutz ist nicht Bestandteil der Norm. Zur Erfüllung von Umweltschutzauflagen im Sinne des Umwelt-Audits der EU (Eco-Audit), das im April 1995 Gültigkeit erlangt, ist diese Erweiterung gedacht.

6.18.2 QM-Handbuch: Umweltschutz

Inhaltsverzeichnis

6.18.2.1 Ziel und Zweck
6.18.2.2 Geltungsbereich
6.18.2.3 Zuständigkeiten
6.18.2.4 Begriffe (nicht belegt)
6.18.2.5 Vorschriften und Pläne
6.18.2.6 Verbindliche Anschlußdokumente

6.18.2.1 Ziel und Zweck

Durch das Festlegen der Verantwortlichkeiten, Aufgaben und Abläufe wird sichergestellt, daß für die Umwelt und den Menschen schädliche und gefährliche Stoffe ordnungsgemäß wiederverwendet oder entsorgt werden. Außerdem werden durch eine gut geplante Steuerung der Prozesse und ein entsprechendes Produktmanagement folgende Zielsetzungen erreicht:

• Einsparen von Werkstoffen und Energie.
• Herabsetzen der Umweltbelastung.
• Verbessern der Arbeitsbedingungen und Betriebssicherheit.

Darüber hinaus sollen für den Fall des Austritts von gefährlichen Stoffen Krisenpläne festgelegt werden, die der Schadensbegrenzung dienen.

6.18.2.2 Geltungsbereich

Gilt für Menschen, Umwelt, Gebäude, Anlagen, Prozesse und Produkte.

6.18.2.3 Zuständigkeiten

Zuständig ist der Beauftragte der Geschäftsleitung.

6.18.2.5 Aufbau- und Ablauforganisation

Das Umweltmanagement-System ist analog dem QM-System aufgebaut, enthält eine periodische Überprüfung (Öko-Audit) durch eine externe Stelle und führt bei Erfüllung nach Antrag und Veröffentlichung einer Umwelterklärung zur Eintragung in ein Standortverzeichnis der EU. Für Werbezwecke (nicht am Produkt) verwendet das Unternehmen eine Teilnahmeerklärung, welche das EU-System für das Umweltmanagement und die Umweltbetriebsprüfung, sowie den Standort und die Unterrichtung der Öffentlichkeit enthält. Intern müssen Unternehmen die Umweltvorschriften des Standorts erfüllen, Umweltpolitik, Ziele und Programme festlegen, umsetzen und kontinuierliche Verbesserungen des betrieblichen Umweltschutzes vornehmen. Dazu ist ein Verantwortlicher desManagements zu ernennen und ein Umweltmanagement-Handbuch, Verfahrens- und Arbeitsanweisungen zu erstellen. Die Mitarbeiter sind zu informieren, zu schulen und zur Mitarbeit anzuregen.

6.18.2.6 Verbindliche Anschlußdokumente

QM-Verfahrens- und Arbeitsanweisungen

Bezüglich allen Aspekten des Umweltschutzes sind prozeß- und produktspezifische Vorschriften und Pläne zu erstellen, zu prüfen, zu dokumentieren und bekanntzumachen.

6.19   Produktsicherheit und Produkthaftung

6.19.1   Allgemeines

Dieses Kapitel ist ebenfalls nicht Bestandteil der Norm. Durch das inzwischen in Kraft getretene Produkthaftungsgesetz ist aber die Anwendbarkeit für jedes Unternehmen zu überprüfen.

6.19.2 QM-Handbuch: Produktsicherheit und Produkthaftung

Inhaltsverzeichnis

6.19.2.1 Ziel und Zweck

Es werden Maßnahmen festgelegt, die geeignet sind:

- Die Wahrscheinlichkeit von Produktfehlern, die zu Personen- oder Sachschäden führen, zu minimieren und die Folgen einzuschränken.
- Den Nachweis zu erbringen, daß fehlerfreie Produkte in den Verkehr gebracht worden sind.

6.19.2.2 Geltungsbereich

Gilt für alle Produkte eines Unternehmens.

6.19.2.3 Zuständigkeiten

Qualitätswesen: Für Produktprüfungen und Rückverfolgbarkeit.
Marketing: Für Überprüfung der Dokumente für den Benützer.
Kundendienst: Für Produktbeobachtung.

6.19.2.4 Begriffe

Produkthaftung (DIN ISO 8402)
Ein Grundbegriff zur Beschreibung der Verpflichtung eines Produzenten oder anderer zur Erstattung des Schadens infolge Verletzung einer Person, infolge eines Vermögens- oder anderen Schadens, der durch ein Produkt verursacht wird.

6.19.2.5 Anforderungen

Produktsicherheit und Produkthaftung. Produkte müssen hinsichtlich Sicherheitserwartungen dem Stand von Wissenschaft und Technik entsprechen. Produkte sind von der Entwicklung auf Erfüllung der Sicherheitserwartungen zu entwickeln und zu überprüfen. Dokumente für den Benutzer dürfen keine unberechtigten Sicherheitserwartungen enthalten. Alle Sicherheitsbelange sind zu dokumentieren und entsprechend aufzubewahren. Eine Produktbeobachtung auf dem Markt hat zu erfolgen.

CE-Kennzeichnung für Produkte. EU-Harmonisierung. Technische Handelshemmnisse zählen zu den größten Schranken auf dem europäischen Binnenmarkt, der freien Verkehr für Waren, Dienstleistungen, Kapital und Personen gewährleisten soll.

Diese Hemmnisse sind vor allem unterschiedliche Produktvorschriften, unerschiedliche technische Normen und Wiederholungen von Konformitätsbewertungen in den einzelnen Ländern.

Der EG-Rat hat am 7. Mai 1985 eine "Neue Konzeption zur technischen Harmonisierung und Normung" auf der Grundlage des Subsidiaritätsprinzips, nach dem die unterste Ebene die Zuständigkeit erhalten soll, beschlossen. Ziel ist die legislative Harmonisierung auf EU-Ebene zur Festlegung von Anforderungen bezüglich Gesundheit, Sicherheit und Umwelt.

Europäische Normenorganisationen (CEN, CENELEC, ETSI) haben Aufträge zur Schaffung von "Harmonisierten Europäischen Normen" erhalten und müssen detaillierte technische Spezifikationen erarbeiten. Diese Spezifikationen sind freiwillig, d.h. Hersteller können auch Produkte erzeugen, die nicht mit der Norm übereinstimmen. Sie müssen aber in jedem Fall nachweisen, daß diese Produkte die grundlegenden Anforderungen der Richtlinien erfüllen.

Nationale Regierungen haben davon auszugehen, daß alle Produkte, die in Übereinstimmung mit harmonisierten Normen gefertigt werden, die grundlegenden Anforderungen erfüllen. Damit wird der Marktzugang automatisch sichergestellt.

Am 21. Dezember 1989 hat der EG-Rat "Ein globales Konzept für Zertifizierung und Prüfwesen-Instrument zur Gewährleistung der Qualität bei Industrieerzeugnissen" verabschiedet. Ziel ist, Anforderungen für die Zertifizierung und Überwachung der Prüflaboratorien und Qualitätsmanagement- Systemen innerhalb der Gemeinschaft zu erlassen.

Für Zertifizierungstellen und akkreditierte Prüflaboratorien gelten die Normen der Reihe EN 45000, für Hersteller die Normen der Reihe EN 29000. Es gibt also auf dem europäischen Markt bestimmte Produkte, die die CE-Kennzeichnung tragen müssen.

Betroffene Produkte. Bisher sind folgende EU-Richtlinien gültig:

* Einfache Druckbehälter (87/404/EWG)
* Sicherheit von Spielzeug (88/378/EWG)
* Bauprodukte (89/106/EWG)

- Elektromagnetische Verträglichkeit (89/336/EWG)
- Maschinen (89/392/EWG)
- Persönliche Schutzausrüstungen (89/686/EWG)
- Nichtselbsttätige Waagen (90/384/EWG)
- Aktive implantierbare medizinische Geräte (90/385/EWG)
- Gasverbrauchseinrichtungen (90/396/EWG)
- Telekommunikationsendeinrichtungen (91/263/EWG)
- Mit flüssigen oder gasförmigen Brennstoffen beschickte neue Warmwasserkessel (92/42/EWG)
- Elektrische Betriebsmittel zur Verwendung innerhalb bestimmter Spannungsgrenzen; Richtlinie alter Art, die jedoch in die CE-Kennzeichnungsrichtlinie einbezogen wurde. Eine CE-Kennzeichnung ist ab 1.1.1995 möglich (73/23/EWG).
- Medizinprodukte (93/42/EWG)

Gesetzgebung. CE-Kennzeichnung bedeutet, daß das Produkt die betreffenden EU-Richtlinien erfüllt und daß der Anbieter (Hersteller, Lieferant, Importeur) die erforderlichen Konformitätsbewertungsverfahren durchgeführt hat. Diese werden durch das CE-Zeichen dokumentiert.

EU-Richtlinien und EU-Normen müssen, um verbindlich zu werden, in nationales Recht umgesetzt werden. Nationales Recht sind entsprechende Gesetze, z.B. das Gesetz über die elektromagnetische Verträglichkeit von Geräten (EMVG) von Ende 1992. Diese Gesetze verfolgen auch entsprechende Übertretungen.

Folgende EU-Richtlinien sind bereits in deutsches Recht umgesetzt worden:

- Eichrecht
- Gerätesicherheitsgesetz. Flurförderzeuge, Spielzeug, Druckbehälter, Gasverbrauchseinrichtungen, persönliche Schutzausrüstungen, Maschinenverordnung.
- Energiesparende Anforderungen an heizungstechnische Anlagen und Brauchwasser.
- Elektrische und elektronische Geräte. Elektromagnetische Verträglichkeit, Telekommunikationseinrichtungen.
- Arzneimittelrecht. Verkehr von Medizinprodukten, Aktive implantierbare medizinische Geräte, Überwachungssystem Medizinprodukte, Betriebsverordnung für pharmazeutische Unternehmer, Änderung des Arzneimittelgesetzes.
- Arbeitsschutzrahmengesetz.

Prüfungen. Im Rahmen des Gemeinschaftsrechts sind entsprechende Konformitätsbewertungsverfahren durchzuführen (Bild 6.5). Diese Bewertungsverfahren sind je nach Produkt verschieden und in den entsprechenden Richtlinien nachzulesen.

Die Übereinstimmung eines Produktes mit den Anforderungen der Richtlinien wird vom Hersteller durch das Anbringen des CE- Zeichens bestätigt.

Für den Nachweis sind verschiedene Möglichkeiten vorgesehen: Module A bis H nach dem Amtsblatt der EG, Nr. 380 vom 3.12.1990. Prüfstellen (benannte Stellen) werden von den Mitgliedsstaaten benannt, von der EU notifiziert und im Amtsblatt der EU bekanntgemacht.

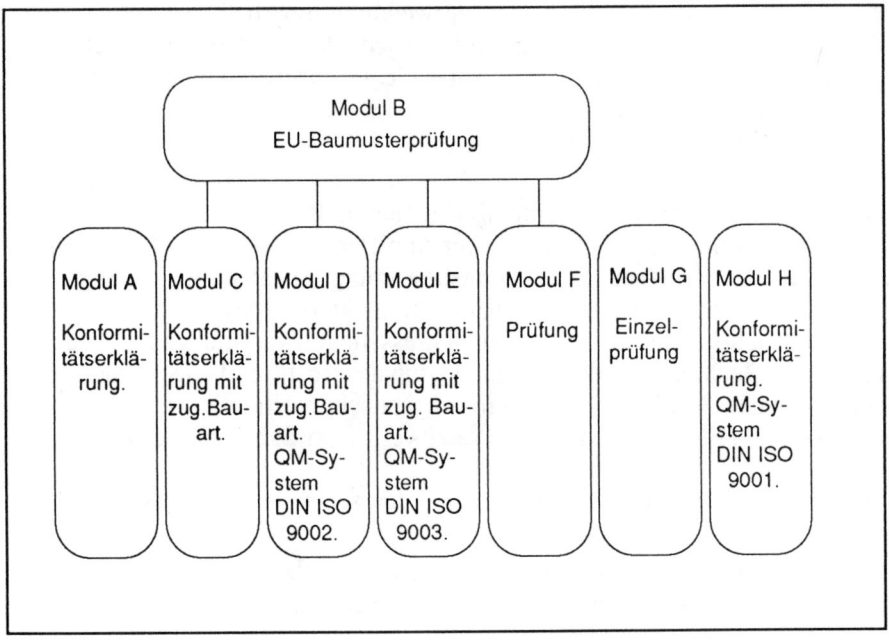

Bild 6.5 Konformitätsbewertungsverfahren

Konformitätserklärung. Die EU-Konformitätserklärung muß folgendes enthalten:
- die Beschreibung des betreffenden Gerätes,
- die Fundstelle der Spezifikation in bezug auf die Übereinstimmung, sowie gegebenenfalls unternehmensinterne Maßnahmen, die die Übereinstimmung des Gerätes mit den Vorschriften sichern,
- die Angabe des Unterzeichners,
- gegebenenfalls die Fundstelle der von einer gemeldeten Stelle ausge-

stellten Baumusterbescheinigung der Europäischen Union.

Konformitätszeichen.

- Das Konformitätszeichen besteht aus dem Kurzzeichen CE und der Jahreszahl des Jahres, in dem das Zeichen angebracht wurde.
- Dieses Zeichen ist gegebenenfalls durch das Kennzeichen der gemeldeten Stelle zu ergänzen, die die EU-Baumusterbescheinigung ausgestellt hat.
- Fallen Geräte auch unter andere Richtlinien, die das EU-Konformitätszeichen vorsehen, so müssen auch diese Richtlinien erfüllt werden.

6.19.2.6 Verbindliche Anschlußdokumente

QM-Verfahrens- und Arbeitanweisungen

Produktsicherheit und Produkthaftung. Produktsicherheit und Produkthaftung kann für ein Unternehmen auf Grund des neuen Produkthaftungsgesetzes lebensnotwendig sein. Deshalb ist hier auch die Erarbeitung einer QM-Werknorm gerechtfertigt. Diese Norm beschreibt die Anforderungen des Gesetzes und die notwendigen Prüfungen und Dokumentationen. Eine wichtige Unterlage dazu ist das Gesetz über die Haftung für fehlerhafte Produkte (Produkthaftungsgesetz-Prod Haft G) vom 15.12.89 und die dem Produkt oder der Dienstleistung entsprechenden Sicherheitsnormen.

CE-Kennzeichnung für Produkte. Checkliste zur Erreichnug der CE-Kennzeichnung. Sie müssen sich bei der Bearbeitung folgende Fragen stellen (Quelle DIHT):

- Ist mein Produkt oder meine Dienstleistung von einer Richtlinie nach der neuen Konzeption betroffen?
- Welche neue EU-Richtlinie kommt in Frage?
  Klären Sie den Anwendungsbereich der jeweiligen Richtlinie. Fällt Ihr Produkt/Ihre Dienstleistung unter die gesetzliche Definition?
  Lesen Sie den Inhalt der Richtlinie und des nationalen Umsetzungsgesetzes. Ermitteln Sie den Inhalt der technischen Vorschriften. Detaillierte Kenntnisse der relevanten EU-Richtlinien sind unerläßlich (Stichwort Produkthaftung).
  Welche anderen EU-Richtlinien (und dazugehörigen europäischen Normen) mit zusätzlichen Sicherheitsanforderungen müssen eingehalten werden? Enthalten sie besondere Prüfpflichten?
  Achtung! Beachten Sie mögliche zusätzliche EU- vertragskonforme Ver-

wenderlandvorschriften (z.B. Umweltvorschriften oder Richtlinien, die sich auf die Nutzung der Produkte beziehen, sozialer Arbeitsschutz und das Arbeitsstoff-Recht).

- Erfülle ich mit meinen Produkten/Dienstleistungen die wesentlichen Sicherheitsanforderungen?
  Ermitteln Sie aufgrund einer Gefährdungsanalyse Ihres Produktes/Ihrer Dienstleistung, welche grundlegenden Sicherheitsaspekte der jeweiligen Richtlinie Sie erfüllen müssen. Gibt es Defizite? Bedienen Sie sich des Rates einer sachverständigen Stelle. Achten Sie auf Ihre Bedienungsanleitung. Informieren Sie die Anwender über ein Restrisiko.
  Welche im EU-Amtsblatt, Reihe C, veröffentlichten und/oder als DIN EN-Norm veröffentlichten harmonisierten Normen gibt es, die die Sicherheitsanforderungen konkretisieren?
  Welche, ersatzweise anwendbaren, nationalen Normen gibt es, die die Erfüllung des Sicherheitsniveaus gewährleisten?
- Klären des zutreffenden Konformitätsbewertungsverfahrens.
  Welche technische Dokumentation zur jeweiligen Richtlinienkonformität ist notwendig?
  Müssen Sie eine dritte Stelle einschalten, z. B. für eine Baumusterprüfung? Identifizieren Sie Ihre gemeldete/zugelassene Stelle z.B. anhand einer Veröffentlichung im EU-Amtsblatt, Reihe C oder eine Notiz im Bundesarbeitsblatt.
- Stellen Sie die notwendige EU-Konformitätserklärung aus.
- Bringen Sie das CE-Kennzeichen an.

6.20   Dienstleistung

6.20.1 Allgemeines

Die Dienstleistung findet entweder als Gesamtunternehmensleistung statt (Dienstleister) oder aber ist bei einem Produzenten in allen Abteilungen anzutreffen. In den vorangegangenen produktorientierten Kapiteln wurden die entsprechenden Dienstleistungen bereits behandelt. Reine Dienstleistungsabteilungen im Unternehmen, wie das Rechnungswesen, kommen zu kurz. Für sie wurde dieses Kapitel eingerichtet.

6.20.2 QM-Handbuch: Dienstleistung

Inhaltsverzeichnis

6.20.2.1 Ziel und Zweck

6.20.2.2 Geltungsbereich
6.20.2.3 Zuständigkeiten
6.20.2.4 Begriffe
6.20.2.5 Abläufe und Beschreibung
6.20.2.6 Verbindliche Anschlußdokumente

6.20.2.1 Ziel und Zweck

Darstellung aller derjenigen Dienstleistungen im Unternehmen, die nicht in den vorangegangenen Kapiteln beachtet wurden (z. B. Rechnungswesen, EDV). Beschreibung der Tätigkeiten an der Schnittstelle zwischen Lieferant und Kunden (Dienstleistungslieferungsprozeß).

6.20.2.2 Geltungsbereich

Gilt für alle Bereiche, die Dienstleistungen erbringen, soweit sie nicht schon in anderen Kapiteln geregelt sind.

6.20.2.3 Zuständigkeiten

Zuständig sind Lieferanten von Dienstleistungen.

6.20.2.4 Begriffe

Dienstleistung (DIN ISO 8402)
Dienstleistung ist als Ergebnis der Tätigkeit eines Lieferanten ein immaterielles Produkt, das dem Zweck dient, unmittelbar den Zustand des Kunden oder Auftraggebers so zu verbessern, wie er gefordert ist.

6.20.2.5 Abläufe und Beschreibung

Abläufe für Verwaltungstätigkeiten sind festzulegen, sowie Beschreibung der Schnittstellen zwischen Kunden und Unternehmen (Empfang, Telefon usw.).

6.20.2.6 Verbindliche Anschlußdokumente

QM-Verfahrens- und Arbeitsanweisungen

Es sind Verfahrens- und Arbeitsanweisungen mit Ablaufplänen, Zuständigkeiten und Geltungsbereichen für alle Abteilungen zu erstellen, die im QM-Prozeß bisher nicht berücksichtigt wurden, dabei ist zu beachten, daß Prozesse zu verbessern sind, damit sich die Wertschöpfung erhöht.

7 Wie sind die Mitarbeiter zu integrieren ?

7.1 Betriebsklima

Die Mitarbeiter sind neben dem Management, dem QM-System und den Prozessen ein Schlüsselelement. Wir müssen davon ausgehen, daß die interne Kundenzufriedenheit (Mitarbeiterzufriedenheit) maßgebend für den Total Quality Prozeß ist und daß nur unter diesen Bedingungen Verbesserungen möglich sind.

Untersucht man die Herkunft von den Fehlerursachen, so wird festgestellt, daß 20 % der Fehler menschlich bedingt sind, daß aber 80 % der Fehler durch das Umfeld entstehen (Bild 7.1). Die menschlichen Fehler kann man durch Mitarbeiterentwicklung vermindern. Für Fehler aus dem Umfeld ist das Management zuständig.

> Das Management muß ein Umfeld für seine Mitarbeiter schaffen, damit die Ziele Kosten, Termine und Qualität effizient verwirklicht werden

Zu den Umfeldverbesserungen gehören:

- Arbeitsplatzbeschreibungen
- Führungsanweisungen
- Prämienlohnsysteme mit Qualitätskomponenten
- Selbstprüfersysteme
- Interdisziplinäre Teamarbeit
- Gruppenarbeit
- Betriebliches Vorschlagswesen mit Möglichkeiten zur Intensivierung und Bewertung von Teamarbeit.

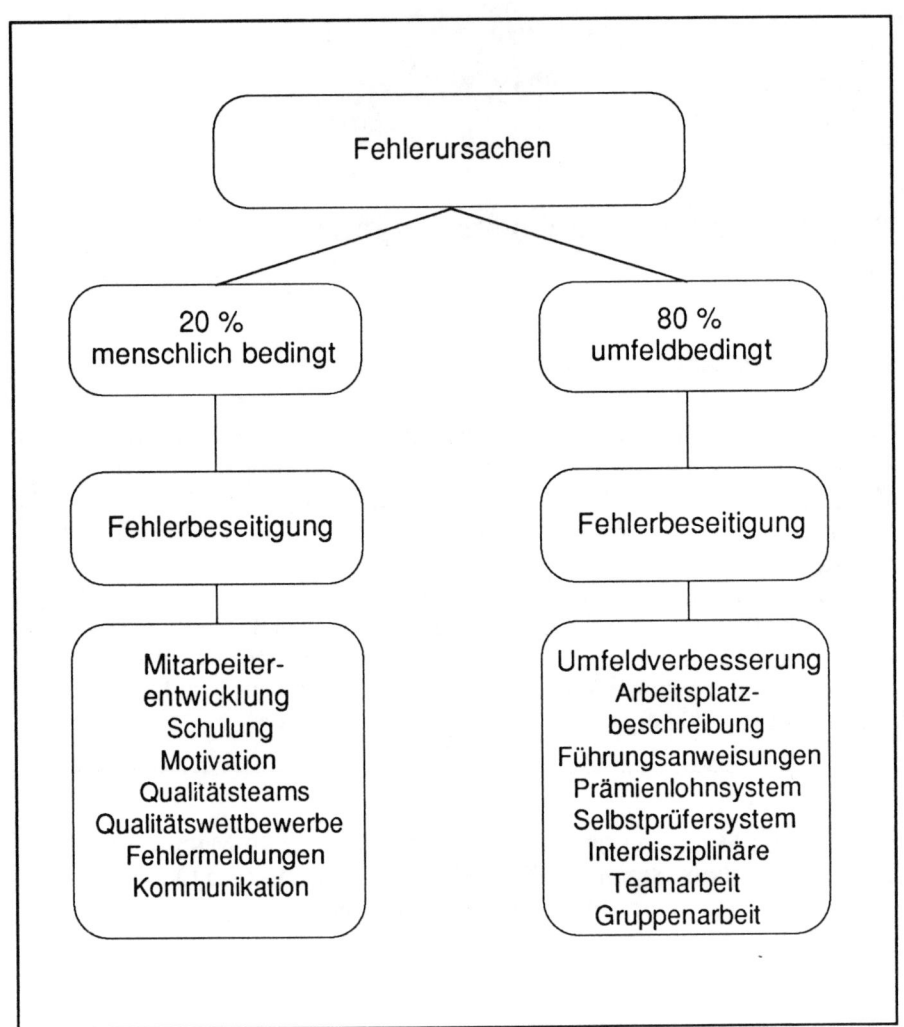

Bild 7.1 Herkunft von Fehlerursachen

Aktivitäten der Umfeldverbesserung wurden bereits im QM-Kapitel "Verantwortung der obersten Leitung" angesprochen. Allerdings ist dabei zu beachten, daß Umfeldverbesserung und Mitarbeiterentwicklung eng miteinander verbunden sind. Noch offene Fragen der Mitarbeiterentwicklung sind im nachfolgenden Kapitel "Wie sind die Prozesse zu verbessern" beschrieben, wobei die Norm nur die Schulung berücksichtigt.

7.2   Mitarbeiterentwicklung

7.2.1   Forderungen der Norm

Der Schulungsbedarf ist für alle Mitarbeiter, die mit qualitätssichernden Aufgaben betraut sind, zu ermitteln, entsprechende Schulungen durchzuführen und zu dokumentieren. Mitarbeiter für besondere Aufgaben müssen ihre Qualifikation auf der Basis von Schulungen, Ausbildung und Erfahrung nachweisen.

7.2.2   QM- Handbuch: Mitarbeiterentwicklung

Inhaltsverzeichnis

7.2.2.1 Ziel und Zweck
7.2.2.2 Geltungsbereich
7.2.2.3 Zuständigkeiten
7.2.2.4 Begriffe
7.2.2.5 Elemente der Mitarbeiterentwicklung
7.2.2.6 Verbindliche Anschlußelemente

7.2.2.1 Ziel und Zweck

Ziel und Zweck der Mitarbeiterentwicklung sind zufriedene Mitarbeiter, die fähig und bereit sind, den Qualitätsprozeß zu verstehen, zu entwickeln und laufend zu optimieren.

7.2.2.2 Geltungsbereich

Gilt für das gesamte Unternehmen.

7.2.2.3 Zuständigkeiten

Für die Mitarbeiterentwicklung ist das Management zuständig.

7.2.2.4 Begriffe

Qualitätsverbesserung (DIN ISO 8402)

Die überall in der Organisation ergriffenen Maßnahmen zur Erhöhung der Effektivität und Effizienz der Tätigkeiten und Prozesse zur Erzielung von Nutzen sowohl für die Organisation als auch für den Kunden.

7.2.2.5 Elemente der Mitarbeiterentwicklung

Schulung. Um die Qualitätsziele des Unternehmens zu erreichen und die gestellten Aufgaben zu lösen, ist gezielte Schulung aller Mitarbeiter notwendig. Die Schulung gilt für alle Mitarbeiter des Unternehmens. Allgemeine Schulungen sind von den einzelnen Unternehmensbereichen zu planen und durchzuführen. Qualitätsschulungen organisiert der Qualitätscontroller. Der Personalleiter fungiert als Koordinator.

Matrix Schulungsthemen. Folgende Themen sind für die einzelnen Bereiche in einer Matrix darzustellen:

* Unternehmensstrategie
* Führungstechnik
* Qualitätsmanagement
* Qualitätstechnik
* Fachtechnik
* Sprachen
* Arbeitssicherheit
* Umweltschutz.

Durchführung. Schulungen sind in einem Ablaufdiagramm darzustellen.

Controlling. Sämtliche Aus- und Weiterbildungsmaßnahmen werden mit Hilfe einer Schulungsplanung gesteuert und kontrolliert. Ziel ist es, die Personalentwicklung zu verfolgen und Engpässe rechtzeitig zu erkennen und zu beseitigen.

Nur mit motivierten Mitarbeitern ist TQM möglich

Motivation. Mitarbeiter sind entsprechend ihrer Qualifikation auf der Grundlage einer Arbeitsplatzbeschreibung auszuwählen, einzuschulen und laufend zu bewerten. Das Arbeitsumfeld muß zur Leistungssteigerung anregen und sichere Verhältnisse bieten. Dazu sind Möglichkeiten zur Kreativitätsentwicklung der Mitarbeiter zu schaffen. Beiträge zur Qualitätsverbesserung sind anzuerkennen und zu belohnen. Für die Mitarbeiter sind Entwicklungspläne (Karrierepläne) innerhalb des Unternehmens zu erstellen und anzuwenden.

Weiterhin finden folgende Aktivitäten statt:

Installation von Qualitätsteams. Zur Verbesserung von Produkten und Prozessen sind im gesamten Unternehmen Qualitätsteams einzurichten, zu schulen, mit Qualitätszielen zu versehen, die Erfüllung zu überprüfen und eventuell auch im Rahmen des betrieblichen Vorschlagswesen zu prämieren.

Interdisziplinäre Teamarbeit ist das wichtigste Arbeitsmittel zur Beseitigung von Schnittstellenproblemen und zur Überwindung der Abteilungsgrenzen

---

Durchführung von Qualitätswettbewerben. Die Zufriedenheit interner Kunden ist durch Kundenbefragungen zu ermitteln, zu bewerten, darzustellen (Qualitätspyramide) und durch Korrekturmaßnahmen zu optimieren. Als Grundlagen dienen die genaue Zuordnung der Schnittstellen (Wer ist mein Kunde?) und die erwartete Leistung (Was habe ich unter welchen Bedingungen zu liefern?).

Fehlermeldungen. Es finden laufende Fehlermeldungen aller Mitarbeiter statt, die an den Qualitätscontroller zu richten sind. Aus Fehlermeldungen sind laufende Verbesserungen abzuleiten. Um diesem Vorgang mehr Akzeptanz zu geben, sind "Fehlermeldungen" in "Notwendige Verbesserungen" umzubenennen.

Kommunikation. Regelmäßige Kommunikation ist innerhalb eines Unternehmens unerläßlich. Ein wesentliches Instrument dazu ist ein ausreichendes Informationssystem. Kommunikationsmittel sind Führungsgespräche, Abteilungsbesprechungen, Teamarbeit und schriftliche Informationen aller Art.

7.2.2.6 Verbindliche Anschlußdokumente

QM-Verfahrens- und Arbeitsanweisungen

Betriebliches Vorschlagswesen. Die QM-Verfahrensanweisung regelt das betriebliche Vorschlagswesen und wird von der Geschäftsleitung als Betriebsvereinbarung mit dem Betriebsrat herausgegeben und kann später als Broschüre gedruckt der Belegschaft zur Verfügung gestellt werden.

Das Vorschlagswesen kann eine eigene Bezeichnung, (z.B. Durst-Effizienz-Optimierungssystem, DEOS), einen Untertitel (Gute Ideen von jedermann) und ein Kennzeichen (Logo) haben.

Es beinhaltet in der Hauptsache:

- Aufgaben (Ziel und Zweck)
- Begriffsdefinition Vorschlag
- Geltungsbereich
- Aufbauorganisation
- Vergütungssystem
- Rechte und Pflichten der Einreicher
- Geltungsdauer

Selbstprüfersystem. Für das Selbstprüfersystem gelten folgende Grundsätze:

- Arbeitsergebnisse sind von jedem selbst zu überprüfen.
- Mängelbehebung findet im Rahmen der Planvorgaben in jeder Abteilung (innerhalb eines jeden Prozesses) statt.
- Selbstprüfersysteme können für vorgeschriebene Prüfungen durch Dritte angewendet werden.

Ablauf für das Selbstprüfersystem:

- Festlegung von Prüfarbeitsgängen in Prozessen, die durch Dritte zu tätigen sind (meistens von Qualitätssicherungs-Stellen) und Qualitätsplanung.
- Übertragung dieser Prüfungen auf den Bearbeiter.
- Laufende Prüfungen und Anfertigungen von Qualitätsaufzeichnungen durch den Bearbeiter.
- Produkt- und Verfahrensaudits durch Qualitätssicherungs-Stellen.

Die Verfahrensanweisung "Selbstprüfersystem" wird von der Geschäftsleitung als Betriebsvereinbarung mit dem Betriebsrat herausgegeben. Sie enthält Regeln und Richtlinien zum System, z.B. Voraussetzungen zum Selbstprüfer, Ernennung, Auszeichnung und Veröffentlichung, Aberkennung, Erfolgskontrolle, Auswertung, Aufgaben und Pflichten der Selbstprüfer, Vergütung und Dauer der Vereinbarung. Das Selbstprüfersystem wird durch ein Team, welches die Geschäftsleitung ernennt, erweitert, beaufsichtigt und bewertet.

Stellenbeschreibungen. Eine Stellenbeschreibung muß folgende Elemente enthalten:

- Stellenbezeichnung
- Dienstrang
- Unterstellung (Hauptvorgesetzter, Fachvorgesetzter)
- Überstellung
- Stellvertretung (hauptamtlich, nebenamtlich, Platzhalter)
- Ziel der Stelle
- Aufgabenbereich (Linienfunktion, Stabsfunktion, Dienstleistungsfunktion, Außenfunktion, sonstige Aufgaben)
- Einzelaufträge
- Besondere Befugnisse

8 Wie sind die Prozesse zu verbessern?

8.1 Europäisches TQM-Modell

Wir haben eingangs festgestellt, daß Qualitätsmanagement Prozeßmanagement ist. Folglich sind alle Prozesse im Unternehmen zu verbessern. Die Ansätze dazu sind bereits in ein QM-System zu integrieren. TQM-Aktivitäten in einem Unternehmen als Grundlage von kontinuierlichen Verbesserungen (die Japaner nennen es Kaizen) erfolgreich praktiziert, erfüllen die Bedingungen des "European Quality Award". Dieser europäische Zwilling des amerikanischen "Malcolm Baldrige Award" bewertet die im Bild 8.1 dargestellten Kriterien. Die auf der linken Seite genannten Kriterien der "Befähiger" sagen, wie die Ergebnisse erzielt werden, während die auf der rechten Seite genannten "Ergebnisse" zeigen, was das Unternehmen erreicht hat. Dabei spielen Prozesse und Führung auf der einen Seite und Kundenzufriedenheit und Geschäftsergebnisse auf der anderen Seite die Hauptrolle.

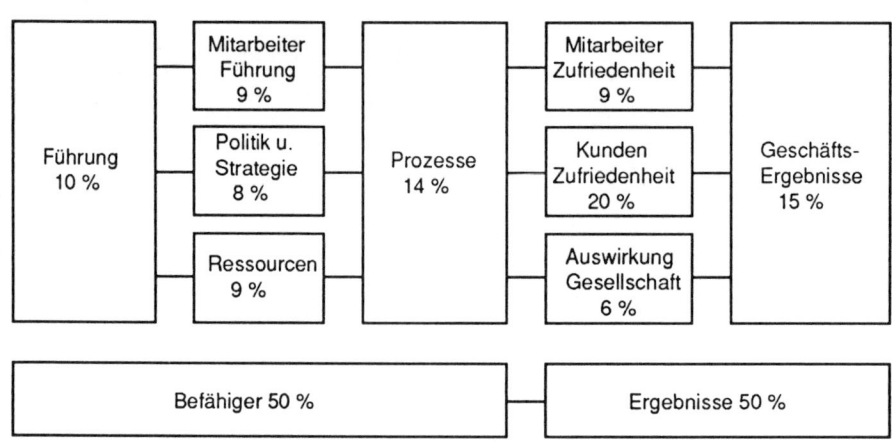

Bild 8.1 Beurteilungskriterien "European Quality Award"

Dieses europäische TQM-Modell läßt durch Führung Politik und Strategie, Mitarbeiterführung, Ressourcen und Prozesse lenken, welche zu Kundenzufriedenheit, Mitarbeiterzufriedenheit und Auswirkung auf die Gesellschaft führt und in guten Geschäftsergebnissen mündet.

Ist ein QM-System im Unternehmen eingeführt, so sind die Elemente im Sinne von TQM zu erweitern. Dazu dienen nachfolgende Kriterien des europäischen TQM-Modells.

8.1.1 Befähiger

8.1.1.1 Führung

Engagement. Kommunikation mit der Belegschaft, Zugänglichkeit für Mitarbeiter, Mitarbeiterschulung und eigene Schulung, sichtbares Engagement.
Beständigkeit. Beurteilung des Qualitätsbewußtseins, Fortschrittskontrolle, Berücksichtigung der Mitarbeiterleistung bezüglich Qualität bei der Beförderung.
Anerkennung und Würdigung von Einzelpersonen und Teams. Abteilungsebene, Geschäftsbereichebene, Unternehmensebene, Lieferanten und Kunden.
Bereitstellung von Ressourcen. Finanzierung von Ausbildung, Moderation, Verbesserungsmaßnahmen, von initiativen Mitarbeitern, Pilotprojekten, Festlegung von Prioritäten für Verbesserungsmaßnahmen.
Engagement bei Kunden und Lieferanten. Partnerschaftliche Beziehungen, Verbesserungsteams.
Förderung außerhalb des Unternehmens. Mitgliedschaft von Berufsverbänden, Veröffentlichungen, Vorträge, Unterstützung des öffentlichen Gemeinwesens.

8.1.1.2 Mitarbeiterführung

Ständige Verbesserung. Mitarbeiterführung überprüfen und verbessern, Strategische Personalplanung, Mitarbeiterumfragen.
Mitarbeiterentwicklung. Definition von Mitarbeiterkenntnissen, Planung von Einstellungen und Beförderungen, Ausbildungspläne, Überprüfung der Ausbildung und Weiterbildung.
Zielvereinbarungen. Ziele für Mitarbeiter und Teams definieren, Mitarbeiterbewertungen.
Ständige Verbesserungen durch die Mitarbeiter. Betriebliches Vorschlagswesen, Qualitätsverbesserungs-Teams, Konferenzen und Tagungen, Mitarbeiterautorisierung.

Kommunikation. Gegenseitiger Informationsaustausch, Management- und Mitarbeiterkontakte, Mitarbeiterinformationen.

8.1.1.3 Politik und Strategie

Konzept. Qualitätsaussagen in den Werten, im Leitbild, zum Unternehmenszweck und zur Unternehmensstrategie.
Politik- und Strategiefestlegungen. Durch Feedback von Kunden und Lieferanten, durch Konkurrenzdaten, durch gesellschaftliche Belange und durch Auflagen des Gesetzgebers.
Unternehmenspläne. Testen, Bewerten und Verbessern von Unternehmensplänen und mit der Unternehmenspolitik in Übereinstimmung bringen.
Bekanntmachung von Politik und Strategie. Rundschreiben, Plakate, Video, Mitteilungen über Politik als Priorität behandeln, Mitarbeiter müssen Politik kennen.
Überprüfung der Politik und Strategie. Politikbewertung, Politiküberarbeitung.

8.1.1.4 Ressourcen

Finanzielle Ressourcen. Cash-flow, finanzielle Strategien,Verwaltung des Kapitals, finanzielle Entscheidungen bezüglich Qualität, Qualitätskosten.
Informationsressourcen. Informationssysteme, Sicherstellung von Gültigkeit, Integrität, Schutz und Umfang, Informationen für Kunden, Lieferanten, Mitarbeiter.
Materielle Ressourcen. Management von Zulieferern, Optimierung von Lagerbeständen, Minimierung von Materialabfällen, Anlagevermögen optimal einsetzen.
Technologienutzung. Einsatz von neuen Technologien, Technologie für Wettbewerbsvorteile, Mitarbeiterschulungen, Technologien für Prozeßverbesserungen, Patentwesen.

8.1.1.5 Prozesse

Wesentliche Prozesse. Definitionen, Identifikation, Schnittstellen, Auswirkung auf die Geschäftstätigkeit.
Prozeßführung. Festlegung der Verantwortlichen, Leistungsüberwachung, Meßgrößen für Prozeßmanagement, ISO 9000 für Prozeßmanagement.
Prozeßverbesserungen. Rückmeldungen von Mitarbeitern, Kunden, Lieferanten, Ziele für Verbesserungen, Überprüfung wesentlicher Prozesse.
Innovation und Kreativität. Neue Konstruktionsprinzipien, neue Technologien, neue Philosophien, Förderung der Kreativität der Mitarbeiter.

Prozeßänderungen und Bewertung. Erprobung neuer Prozesse, Bekanntmachung von Prozeßänderungen, Mitarbeiterschulungen, Prozeßüberprüfungen.

8.1.2 Ergebnisse

8.1.2.1 Mitarbeiterzufriedenheit

Mitarbeitereindruck. Arbeitsbedingungen, Arbeitsort, Raum, Einrichtung. Gesundheits- und Sicherheitsvorkehrungen, Kommunikation auf Mitarbeiter- und betrieblicher Ebene, Mitarbeiterbewertung, Zielvereinbarung, Laufbahnplanung, Schulung, Weiterentwicklung, Umschulung, Arbeitsanforderungen, Werte, Leitbild, Strategie des Unternehmens, Kenntnisse und Beteiligung am Qualitätsprozeß, Leistungsanerkennungssystem, Leistungsbelohnungssystem, Qualitätsorganisation, Führungsstil, Sicherheit des Arbeitsplatzes, Abwesenheits- und Krankheitsquote, Personalfluktuation, Nachwuchsbeschaffung, Arbeitsstreitigkeiten, betriebliche Einrichtungen.

8.1.2.2 Kundenzufriedenheit

Kundeneindruck. Fähigkeit Spezifikationen zu erfüllen, Ausfall-, Fehler- und Rückweisraten, konstante Qualität, Reproduzierbarkeit, Wartbarkeit, Langlebigkeit, Zuverlässigkeit, termingerechte Auslieferung, Vollständigkeit der Lieferung, logistische Information, Lieferfrequenz, Reaktionsfähigkeit und Flexibilität, Verfügbarkeit des Produktes, Erreichbarkeit von Schlüsselpersonal, Produktschulung, Produktliteratur, technische Unterstützung, Einfachheit, Zweckmäßigkeit und Genauigkeit der Dokumentation, Eingehen auf Kundenprobleme, Behandlung von Beschwerden, Gewährleistung und Garantie, Verfügbarkeit von Ersatzteilen, Innovation bei Service-Qualität, Produktentwicklung, Zahlungsbedingungen und Finanzierungen, Beschwerdeniveau, Kundenrücksendungen, Garantiekosten, Nacharbeitsniveau, erhaltene Auszeichnungen und Preise.

8.1.2.3 Auswirkung auf die Gesellschaft

Engagement des Unternehmens für die Gemeinschaft. Wohltätigkeit, Ausbildung und Schulung, ärztliche Betreuung und Schulung, Sport und Freizeit.
Schadensverhinderung der Umwelt. Abwässer und Umweltverschmutzung, Unfallrisiken, Lärm, Gesundheitsrisiken.
Erhaltung von Ressourcen. Energieeinsparungen, Verwendung von Roh-

stoffen und sonstigen Betriebsstoffen, Verwendung von wiederverwendbaren Materialien, Verminderung von Abfällen, Umwelt und Ökologie, Anzahl der Beschwerden, Verstöße gegen Normen, sicherheitsbezogene Vorfälle, Auszeichnungen und Preise, Beschäftigungsstabilität.

8.1.2.4 Geschäftsergebnisse

Finanzielle Meßgrößen. Gewinn, Cash-Flow, Umsatz, Wertschöpfung, Betriebskapital, Liquidität, Dividenden, langfristiger "Wert" für die Aktionäre. **Nichtfinanzielle Meßgrößen.** Marktanteil, Ausschuß, Fehler je Produktionseinheit, Bearbeitungszeit eines Auftrages, Lieferzeit eines Produktes, Durchlaufzeit eines Loses, Zeit für neue Produkte und Dienstleistungen, Variabilität für Produkte und Dienstleistungen, Fehlerkosten, Kundendienstniveau, Break-even für neue Produkte, Lagerumschlagshäufigkeit.

Die Abläufe und Techniken zur Prozeßverbesserung werden vorgestellt. Dazu wird das Normenkapitel "Statistische Verfahren" in "Prozeßoptimierung" umgenannt.

8.2   Forderungen der Norm

Für Prozesse und Produkte sind je nach Notwendigkeit statistische Verfahren zu planen und einzuführen.

8.3   QM-Handbuch: Prozeßoptimierung

Inhaltsverzeichnis

8.3.1 Ziel und Zweck

Erfüllung von Kundenforderungen innerhalb und außerhalb des Unternehmens. Dazu sind laufende Verbesserungen der Qualität, der Kosten und der Termine notwendig.

8.3.2 Geltungsbereich

Prozeßoptimierungen sind im gesamten Unternehmen für alle Prozesse durchzuführen.

8.3.3 Zuständigkeiten

Für Prozeßoptimierungen ist die Geschäftsleitung verantwortlich.

8.3.4 Begriffe

Prozeß (DIN ISO 8402)
Ein Satz von in Wechselbeziehungen stehenden Mitteln und Tätigkeiten, die Eingaben in Ergebnisse umgestalten.

8.3.5   Prozeßdarstellungen und Verbesserungen

8.3.5.1 Prozeßdarstellungen

Prozesse sind nach Möglichkeit grafisch darzustellen (Ablaufdiagramme). Der Hauptverantwortliche ist zu benennen. In der Regel ist es der Bereichsleiter, der das entsprechende QM-Kapitel bearbeitet.
Die Schnittstellen sind zu definieren. Verantwortliche für die Unterprozesse sind zu benennen. Prüfungen sind einzubauen.
Geprüft werden kundenkritische Qualitätsmerkmale am Prozeß mittels Prüfmerkmale der Prüfklasse 1. Prozeßanfang und Prozeßende ist zu definieren.

8.3.5.2 Prozeßverbesserungen

Bereits bei der Darstellung der Prozesse im Rahmen der Einführung eines QM-Systems sind die Prozesse zu optimieren (Lean Production).
Bestehende und neue Prozesse sind im Team unter dem Prozeßverantwort-

lichen zu überprüfen und alles das wegzulassen, was nicht wertsteigernd ist. Dazu sind Zielvorgaben bezüglich Durchlaufzeiten, Kosten und Qualität vorzugeben, in die einzelnen Prozeßschritte zu integrieren, optimal zu organisieren und zu lenken. Im Unternehmen fungiert der Qualitäts-Lenkungsausschuß (QLA) als Motor der Prozeßverbesserungen.

Prozeßverbesserungen sind mittels Qualitäts-Techniken vorzunehmen. Qualitätstechniken sind nützliche Hilfsmittel für Qualitätsoptimierungen in allen Phasen des Qualitätskreises und in allen Abteilungen des Unternehmens (Bild 8.2). Dabei ist zu beachten, daß aus der Vielzahl von Qualitätstechniken, die Passenden für das Unternehmen auszuwählen sind und daß besonders am Anfang mit wenigen Techniken begonnen wird. Für die generelle Einführung von Qualitätstechniken im Unternehmen ist die Geschäftsleitung zuständig.

Der Qualitätscontroller wählt die zweckmäßigen Qualitäts-Techniken aus und hilft den operativen Abteilungen bei der Einführung. Dazu sind intensive Schulungsmaßnahmen erforderlich.

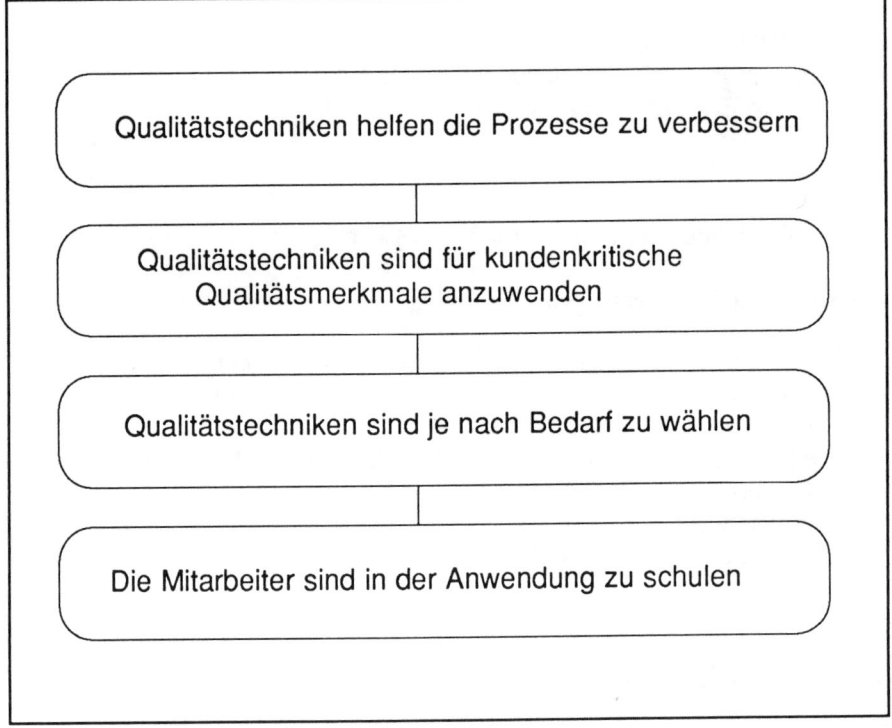

Bild 8.2 Qualitätstechniken

Auswahl von Qualitätstechniken:
Sicherung kundenkritischer Qualitätsmerkmale
Durch die Qualitätstechnik "Sicherung kundenkritischer Qualitätsmerkmale"
sollen Kundenforderungen, Unternehmensforderungen und Forderungen des
Gesetzgebers analysiert, in Qualitätsmerkmale umgewandelt und durch be-
herrschte und qualitätsfähige Prozesse gesichert werden.

Fehler- Möglichkeiten und Einflußanalyse (FMEA)
Die FMEA ist eine Technik zur Feststellung möglicher Fehler und ihre
Auswirkungen im Produkt (Konstruktions-FMEA) und im Prozeß (Prozeß-
FMEA). Es werden Fehler bezüglich ihres Auftretens, ihrer Bedeutung und
ihrer Entdeckung mit einer Risiko-Prioritätszahl bewertet und beurteilt. Über-
schreitet diese Zahl einen bestimmten Wert, so sind Abstellmaßnahmen zu
treffen, die nach erneuter Bewertung zu einer niedrigen Risiko-Prioritätszahl
führen müssen.

Statistische Versuchsplanung (Taguchi)
Diese Vorgehensweise ist eine Methodik zur Entwicklung oder Verbesserung
von Produkten mittels statistischer Versuchsplanung, die zu Festlegungen des
technologischen Konzeptes (System Design), von Sollwerten von Einflußgrößen (Parameter Design) und zu Toleranzen für Einflußgrößen (Tolerance
Design) führt.

Paretoanalyse
Problemursachen unterliegen häufig dem Pareto- Prinzip, d.h. 80 % der Probleme kommen von 20 % der Ursachen. Diese Ursachen sind zu ermitteln und
zu beseitigen.

Ursache-Wirkungs-Diagramm (Ishikawa)
Das Ursache-Wirkungs-Diagramm ist ein Verfahren zur systematischen Er-
mittlung von Problemursachen am Prozeß. In einem "Fischgrätendiagramm"
weist der Hauptpfeil auf das Problem hin, während die Nebenpfeile in Form von
Fischgräten die Haupteinflußgrößen aufzeigen Die Prozeßeinflußgrößen
Mensch, Maschine, Material, Methode, Umwelt sind ein erster Anhaltspunkt.

Statistische Prozeßlenkung (SPC)
Die statistische Prozeßlenkung sichert die Qualitätsfähigkeit und die Beherrschbarkeit der Prozesse. Wichtige Hilfsmittel dazu sind Prozeßkennzahlen
und Qualitätsregelkarten.

Prozeßentwicklung (Shainin)
Bei der Prozeßentwicklung nach Shainin werden die wichtigsten Prozeßein-

flußgrößen ermittelt, robust und beherrschbar gemacht.

Prozeß robust machen (Poka-Yoka)
Prozesse robust machen heißt, Sicherungen in den Prozeßablauf einbauen, die Fehler nicht zulassen.

Qualitätssicherungsaufgaben

Qualitätssicherungsaufgaben erstrecken sich über den gesamten Qualitätskreis (Bild 8.3). Sie beginnen mit der Ermittlung der Kundenwünsche, Forderungen des Gesetzgebers und Qualitätszielen des Unternehmens.

Die Umsetzung in kundenkritische Qualitätsmerkmale ist die nächste Stufe. Im Vorfertigungsbereich werden diese Merkmale durch System-, Parameter- und Toleranzdesign in optimale Produktmerkmale umgewandelt (Entwicklung robust machen). Fertigungsplanung, Prüfplanung und Fertigungssteuerung schaffen die Voraussetzung für beherrschte und qualitätsfähige Prozesse.

Die Fertigung mit Prozeßprüfungen und einer Endprüfung bringt Qualitätsinformationen für einen übergreifende Regelkreis und führt zu robusten Prozessen. Dabei sind besonders Prüfmerkmale der Prüfklasse 1 am Prozeß zu beachten.

Die gleiche Entwicklung findet bei Dienstleistungen statt. Entwickeln von kundenkritischen Qualitätsmerkmalen, Spezifizierung der Prüfklasse 1 Merkmale, Sicherung dieser Merkmale im Prozeß.

Die Qualitätssicherung endet bei der Beobachtung des Marktverhaltens, um Hinweise für Weiterentwicklungen und neue Produkte zu erhalten.

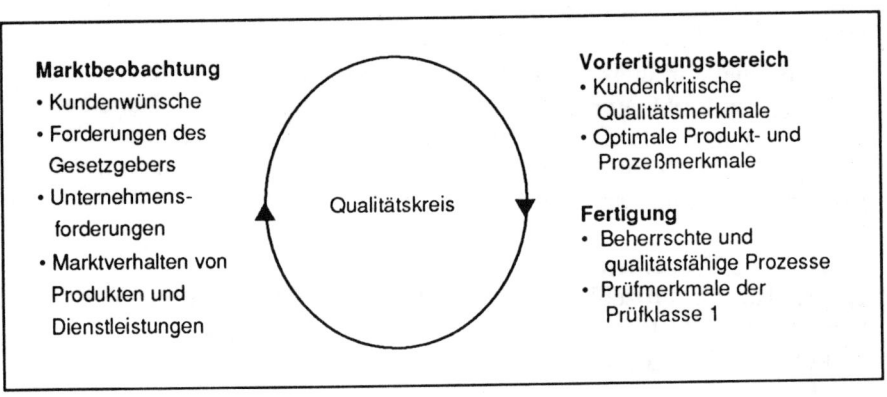

Bild 8.3 Aufgabenbereich Qualitätssicherung

8.3.6 Verbindliche Anschlußdokumente

QM-Verfahrens- und Arbeitsanweisungen

Analyse kundenkritischer Qualitätsmerkmale

Ziel und Zweck

Durch die Qualitätstechnik "Sicherung kundenkritischer Qualitätsmerkmale" sollen Kundenforderungen, die internen Forderungen des Unternehmens und die Forderungen des Gesetzgebers analysiert, in kundenkritische Qualitäts- merkmale umgewandelt und durch beherrschte und qualitätsfähige Prozesse gesichert werden.

Geltungsbereich

Gilt für alle Produkte, Dienstleistungen und Prozesse im Unternehmen.

Zuständigkeiten

Die Sicherung kundenkritischer Qualitätsmerkmale ist auf alle internen und externen Kundenforderungen anzuwenden und deshalb von allen Abteilungen des Unternehmens zu praktizieren.

Begriffe

Qualitätsforderung (DIN ISO 8402)
Eine Formulierung der Erfordernisse oder deren Umsetzung in eine Serie von quantitativ oder qualitativ festgelegten Forderungen an die Merkmale einer Einheit zur Ermöglichung ihrer Realisierung und Prüfung.

Qualitätstechnik (DGQ)
Anwendung wissenschaftlicher und technischer Kenntnisse sowie von Füh- rungstechniken für die Qualitätssicherung.

Beherrschter Prozeß (DGQ)
Prozeß, bei dem sich die Parameter der Verteilung der Merkmalswerte des Prozesses praktisch nicht oder nur in bekannter Weise oder in bekannten Grenzen ändern.

Qualitätsfähiger Prozeß (DGQ)
Eignung eines festgelegten Prozesses zur Realisierung einer Einheit, die
Qualitätsforderung an diese Einheit zu erfüllen.

Kundenkritisches Qualitätsmerkmal (Fa. Durst)
Das die Qualität bestimmende Merkmal, welches entweder aus Kundenforderungen vom Markt oder aus Forderungen des Gesetzgebers bzw. aus firmenspezifischen Forderungen entwickelt wird.

Beschreibung

Qualitätssicherung ist Prozeßmanagement und Technik mit dem Ziel optimaler Produkte und Dienstleistungen.

Da die Qualität der Erfüllungsgrad von Anforderungen ist, nimmt die Ermittlung der Qualitätsforderung einen wichtigen Platz ein, denn ohne oder mit
falscher Forderung ist keine Qualitätserfüllung möglich.

Kundenforderungen müssen am Endprodukt realisiert sein, wo Forderungen in prüfbare Qualitätsmerkmale umgewandelt und durch Prüfungen abge-
sichert sein müssen.

Ein Produkt besteht aber aus einer Vielzahl von Merkmalen, die sich nicht
unbedingt alle auf Kundenforderungen beziehen müssen. Deshalb ist es zwin-
gend, aus Kundenforderungen kundenkritische Qualitätsmerkmale zu bilden,
diese durch den Qualitätsprozeß zu führen, am Endprodukt zu sichern und evtl.
auch an den Kunden weiterzugeben.

Bei der Durchführung des Qualitätsprozesses bedient man sich ausge-
wählten Methoden der Qualitätstechnik.

In der Entwicklung sind kundenkritische Qualitätsmerkmale vom Endprodukt auf Baugruppen und Einzelteile zu übertragen und diese robust zu
machen. Robustmachen heißt, optimierte Merkmale unempfindlich gegen Her-
stellungs- und Anwendungsschwankungen machen.

Wo das nicht möglich ist, sind alle denjenigen Qualitätsmerkmalen Prüfmerkmale der Prüfklasse 1 zuzuordnen und auf entsprechenden Spezifikationen (Zeichnungen, Arbeitsanweisungen, Prüfanweisungen usw.) zu kennzeichnen. Diese Prüfmerkmale sind in der Fertigung für deren Belange in ihrer
Anzahl zu erweitern und durch beherrschte und qualitätsfähige Prozesse zu
sichern.

Dabei sind die Prozesse robust zu machen d.h. durch Prozeßsteuerung
(PK1-Merkmale am Prozeß) sind Streuungen zu verkleinern, da sonst Abweichungen von optimalen Merkmalen zur Risikovergrößerung und zur Verlust-
funktion führen.

Ablaufpläne für Produkte

Beschreibung der Kundenforderungen.

Umwandlung von Kundenforderungen in kundenkritische Qualitätsmerkmale am Endprodukt.

Ergänzungen durch Forderungen des Gesetzgebers und interne Forderungen.

Formulierung von Prüfmerkmalen der Prüfklasse 1 am Endprodukt.

Übertragung von kundenkritischen Qualitätsmerkmalen am Endprodukt auf Baugruppen, Einzelteile und Rohmaterial.

Anzahl der kritischen Baugruppen, Einzelteile und Rohmaterial konstruktiv minimieren (Konstruktion robust machen).

Verbleibende kritische Baugruppen, Einzelteile, Baugruppen und Rohmaterial mit Prüfmerkmalen der Prüfklasse 1 kennzeichnen.

Herstellungsprozesse für kritische Teile robust machen (Prozeßdefinition, Verantwortung, Analyse).

Teile mit Prüfmerkmalen der Prüfklasse 1 durch Prozeßlenkung sichern.

Prüfmerkmale der Prüfklasse 1 am Endprodukt prüfen.

Prüfmerkmale der Prüfklasse 1 an Kunden weitergeben.

Marktbeobachtungen und Korrekturen.

Ablaufpläne für Dienstleistungen

Beschreibungen der Kundenforderungen.

Umwandlung von Kundenforderungen in kundenkritische Qualitätsmerkmale.

Formulierung von Prüfmerkmalen der Prüfklasse 1.

Herstellungsprozesse robust machen (Prozeßdefinition, Verantwortung, Analyse und Korrekturen).

Herstellprozesse durch Lenkung sichern.

Lieferprozeß robust machen.

Marktbeobachtungen und Korrekturen.

Dokumentation

Prüfbefunde von kundenkritischen Qualitätsmerkmalen (Produkt, Dienstleistung und Prozeß) sind in allen Abteilungen des Unternehmens zu dokumentieren. Für Zulieferteile werden Prüfzertifikate gefordert.

QM-Verfahrensanweisung

Ordnungsnummer
GL 001

Seite 1 von 3

Erstellen des QM-Handbuches

1. Ziel und Zweck

Das QM-Handbuch beinhaltet die Beschreibung des QM-Systems
des Unternehmens, das von der Unternehmensleitung in Kraft gesetzt,
bezüglich seiner praktischen Anwendung überwacht und jeweils dem
neuesten Stand angepaßt wird. Im QM-Handbuch wird bei der
Beschreibung der Methoden zur Durchführung von QM-Aufgaben der
Schwerpunkt grundsätzlich auf das "Was" gelegt.

2. Geltungsbereich

Diese QM-VA gilt für alle Bereiche des Unternehmens.

3. Zuständigkeiten

Für die einzelnen Kapitel sind die Bereichsleiter zuständig. Für die
laufende Aktualisierung des QM-Handbuches ist der Qualitätscontroller
verantwortlich.

4. Begriffe

Qualitätsmanagement-Handbuch (DIN ISO 8402)
Ein Dokument,in dem die Qualitätspolitik dargelegt und das Qualitätsmanagement-System einer Organisation beschrieben ist.

erstellt:	QM-Vermerk:	Freigabe:	Ausgabe:

Seite 2 von 3

5. Beschreibung

5.1 System für Ordnungsnummern.

Die einzelnen Kapitel werden an die Norm DIN ISO 9001 angepaßt.
Die Beschreibung erfolgt mit Nr. QM-Element und Name.

5.2 Gliederung des Inhalts

1. Ziel und Zweck
2. Geltungsbereich
3. Zuständigkeiten
4. Begriffe
5. Abläufe und Beschreibung
6. Verbindliche Anschlußdokumente
   QM-Verfahrens- und Arbeitsanweisungen

5.3 Inkraftsetzung

Die Geschäftsleitung setzt das QM-Handbuch mit ihrer Unterschrift im
QM-Kapitel 1.0 als Gesamtheit in Kraft.

5.4 Unterzeichnung

5.4.1 Der Sachbearbeiter, der das QMH-Kapitel erstellt, hat dieses mit
Kurzzeichen und Datum zu versehen (keine Unterschrift).

5.4.2 Der Qualitätscontroller unterzeichnet zum Zeichen der Systemkon-
formität mit Unterschrift und Datum (QM-Vermerk).

5.4.3 Für die Freigabe ist der Bereichsleiter zuständig (Unterschrift
und Datum).

Seite 3 von 3

5.5 Herausgabe

Die QM-Handbücher sind mittels einer Exemplar-Nummer und einem namentlichen Verteiler in einer Verteilerliste, die durch den Qualitäts-controller geführt wird, registriert.
Jeder Empfänger bestätigt den Erhalt mit seiner Unterschrift.

5.6 Änderungen/Ergänzungen

Bei Bedarf werden notwendige Änderungen und/ oder Ergänzungen vorgenommen.
Der Bereichsleiter ist für den Inhalt, der Q-Controller für System - konformität und die Bewirtschaftung des Handbuchs verantwortlich. Beide geben Änderungen mit Signum und Datum auf dem Deckblatt frei.

5.7 Änderungsstand

Der Änderungsstand der einzelnen QM-Handbuchseiten ist aus dem Ausgabedatum ersichtlich.

5.8 Aufbewahrzeit

10 Jahre nach Außerkraftsetzung.

QM-Verfahrensanweisung

Ordnungsnummer
GL 002

Seite 1 von 3

Erstellen von QM-Verfahrens- und Arbeitsanweisungen

1. Ziel und Zweck

Mit dieser QM-Verfahrensanweisung legt die Unternehmensleitung die
Zuständigkeiten für das Erstellen, Prüfen, Einführen und Pflegen von
QM-Verfahrens- und Arbeitsanweisungen fest.

2. Geltungsbereich

Diese QM-VA gilt für alle Abteilungen des Unternehmens.

3. Zuständigkeiten

3.1 Die Unternehmensleitung verfügt, daß Verfahren, die für die
Sicherung unserer Produkte und Dienstleistungen relevant sind,
schriftlich festgelegt sein müssen.

3.2 Für die Aufnahme der QM-VA und QM-AA in das QM-Handbuch
ist der Q-Controller zuständig.

3.3 Für die Freigabe von QM-Verfahrens- und Arbeitsanweisungen ist der
Bereichsleiter zuständig.

4. Begriffe

4.1 Verfahren (DIN ISO 8402)
Eine festgelegte Art und Weise, eine Tätigkeit auszuführen.

erstellt:	QM-Vermerk:	Freigabe:	Ausgabe:

Seite 2 von 3

5.   Beschreibung

5.1   System für Ordnungsnummern

5.1.1 Das Ordnungssystem ist wie folgt festgelegt:

Bezeichnung Fachbereich mit Kurzzeichen,
Laufende Nummerierung im Fachbereich
für QM-VA: 001 bis 099, für QM-AA: 100.....
Beispiel: QM-VA GL 001, hier bedeuten: GL = Fachbereich,
001 = laufende Nummer.

5.1.2 Anlagen

Anlagen sind zu nummerieren und an die QM-VA bzw. QM-AA
anzubinden.
Beispiel: Anlage 1 zu QM-VA GL 001.

5.2   Formale Gestaltung

5.2.1 Für die formale Gestaltung einer QM-VA ist das 1. Blatt (Deckblatt)
zu verwenden. Sofern weitere Blätter erforderlich werden, können
diese formlos sein. Sie müssen jedoch mit Seitenzahl und Ausgabedatum
versehen sein.

5.2.2 Für die QM-AA ist ebenfalls ein Deckblatt zu verwenden.
Weitere Blätter sind formlos mit Angaben der Seitenzahl.

5.3   Gliederung des Inhaltes

5.3.1 Folgende Gliederung ist für eine QM-VA stets einzuhalten:

1. Ziel und Zweck
2. Geltungsbereich
3. Zuständigkeiten

Seite 3 von 3

4. Begriffe
5. Abläufe und Beschreibung
6. Verteiler
7. Anlagen (nicht belegt)

5.3.2 Eine QM- AA ist ohne Gliederung.

5.4   Änderungsdienst

QM-Verfahrens- und Arbeitsanweisungen sind ständig an die Erfordernisse anzupassen, weshalb ein Änderungsdienst eingerichtet sein muß. Zuständig ist derjenige Fachbereich, der als Herausgeber fungiert. Änderungen sind jeweils neu freizugeben.

5.5   Unterzeichnung

5.5.1 Der Sachbearbeiter unterzeichnet mit Datum und Kurzzeichen (keine Unterschrift).

5.5.2 Der Q-Controller unterzeichnet mit Datum und Kurzzeichen (QM-Vermerk).

5.5.3 Für die Freigabe ist der Bereichsleiter zuständig.

6.   Verteiler

6.1   Diese QM-VA ist als Anhang in jedes QM-Handbuch aufzunehmen.

6.2   Generell sind alle bereichspezifischen QM-VA und QM-AA in die in den betreffenden Bereichen vorhandenen Handbücher als Anhang aufzunehmen. Die Ausgabe erfolgt gegen Unterschrift.

Glossar

Brixner Modell. Ein von der Durst Phototechnik AG, Brixen, entwickeltes Modell für das Qualitätsmanagement. Es nimmt die DIN ISO 9000 als Grundlage, erweitert diese Struktur mit den Elementen Umweltschutz, Produktsicherheit und Produkthaftung und Dienstleistungen, bezieht Lean Production beim Aufbau mit ein und führt den Produkterstellungsprozeß durch ständige Qualitätsverbesserungen zu Null-Fehlern. Kundenzufriedenheit steht im Mittelpunkt, die Schlüsselelemente Management, Struktur des QM-Systems, Mitarbeiter und Prozesse treten dazu in Wechselwirkung und müssen ein harmonisches Ganzes bilden. Endziel ist eine Qualitätskultur im Unternehmen, die Fehler bereits am Anfang vermeidet.

CAQ-Systeme. Computer Aided Quality Assurance (rechnerunterstützte Qualitätssicherung). Innerhalb eines Unternehmens bietet sich bei verschiedenen QM-Elementen (Prüfplanung, Prüfungen, Prüfmittelverwaltung, Fehleranalysen, Qualitätsberichterstattung) Rechnerunterstützung an, die dann in einem CAQ-Netz miteinander verknüpft werden soll. Bevor CAQ-Systeme im Unternehmen eingeführt werden, ist ein Qualitätsmanagement-System zu installieren.

CE-Zeichen. Das CE-Zeichen ist ein EG Konformitätszeichen, welches die Erfüllung von Sicherheitsvorschriften, Emissionsrichtwerten und sonstigen rechtlichen Auflagen sicherstellt. Konformitätsbewertungsverfahren sind in den Modulen A bis H gegliedert und stellen QS-Anforderungen dar. Diese Anforderungen reichen von einer internen Fertigungskontrolle (Modul A) bis zu einem Qualitätsmanagement-System nach DIN ISO 9001 (Modul H).

European Quality Award. Die "European Foundation for Quality Management, Eindhoven", vergibt jährlich an das westeuropäische Unternehmen mit dem effizientesten Qualitätsmanagement-System einen Qualitätspreis, den "European Quality Award". Dieser Preis bewertet mit unterschiedlicher Gewichtung Führung, Prozesse, Mitarbeiterführung, Qualitätspolitik und Strategie, Bewirtschaftung der Ressourcen, Mitarbeiterzufriedenheit, Kundenzufriedenheit, Auswirkungen auf die Gesellschaft und die Geschäftsergebnisse eines Unternehmens. Unternehmen können sich um diesen Preis bewerben, nachdem sie durch eine Selbstbewertung von ihrem eigenen System überzeugt sind.

Fehler. Die Nichterfüllung festgelegter Forderungen.

FMEA. Die Fehler-Möglichkeits- und Einfluß-Analyse ist eine Qualitätstechnik zur Vermeidung von Mängeln bei der Entwicklung neuer Produkte oder bei der Anwendung neuer Prozesse.

Ishikawa-Diagramm. Das Ishikawa- oder Ursache-Wirkungs-Diagramm ist eine Qualitätstechnik zur systematischen Ermittlung von Problemen am Prozeß. Der Hauptpfeil bei diesem Diagramm weist auf das Problem hin (Wirkung), während auf den Nebenpfeilen die Einflußgrößen (Ursachen) aufzuzeigen sind.

Kaizen. Kaizen ist eine japanische Qualitätstechnik zur Erzielung ständiger Verbesserungen in einem Unternehmen. Dabei werden vom Management Programme zur Verbesserung von Kosten, Terminen und der Qualität eingeleitet. Weiterführende Qualitätstechniken spielen dabei ebenso eine Rolle wie Zielvorgaben, Überprüfung des Erfüllungsstandes und ständige Verbesserungen.

Kundenkritische Qualitätsmerkmale. Die Qualität mitbestimmende Merkmale, welche von den Kundenforderungen, von den Forderungen des Gesetzgebers und von firmenspezifischen Forderungen herstammen.

Lean Production. Aus dem Amerikanischen stammender Begriff für schlanke Produktion oder erweitert für schlankes Management. Dabei sind Unternehmenshierarchien abzubauen und alles das zu beseitigen, was nicht wertsteigernd wirkt.

Lieferantensystemaudit. Für Produkte und Dienstleistungen mit kundenkritischen Qualitätsmerkmalen ist die Qualitätsfähigkeit des Lieferanten mittels Systemaudit zu überprüfen. Beim Vorhandensein eines zertifizierten QM-Systems nach DIN ISO 9000 kann dieses Audit entfallen.

Malcolm Baldrige Award. Amerikanischer Qualitätspreis für Unternehmen, die den TQM-Gedanken effizient verwirklicht haben.

Mangel. Die Nichterfüllung von Forderungen im Hinblick auf den beabsichtigten Gebrauch.

Nachaudit. Bei der Überprüfung von QM-Systemen, Prozessen und Produkten können Mängel festgestellt werden. Diese sind vom Verursacher zu beseitigen und die Erfüllung der Forderung durch ein Nachaudit zu sichern.

Paretoanalyse. Die Paretoanalyse ist eine Methode, welche die Hauptursachen (20%) beseitigt und damit zu einem Großteil der Problemlösungen (80%) kommt.

PIMS- Studie. Profit Impact of Market Strategy (Neubauer 1984). Diese Studie stellt anhand von operativen und strategischen Daten von ca. 3000 Unternehmen Zusammenhänge zwischen Qualität und Wirtschaftlichkeit fest.

Produktsicherheit und Produkthaftung. Aufgrund des neuen Produkthaftungsgesetzes müssen Unternehmen sicherstellen, daß ihre Produkte bei Markteintritt die Sicherheitserwartungen der Verbraucher erfüllen.

Prozesse. Abläufe im Unternehmen werden zunehmend als Prozesse dargestellt. Dabei wirken in einer Zeiteinheit unter der Leitung des Managements Menschen, Maschinen, Material und Methoden in einer Umwelt zum Zwecke einer Wertschöpfung eines Produktes oder einer Dienstleistung.

Prüfmerkmale Prüfklasse 1. Aus kundenkritischen Qualitätsmerkmalen sind Prüfmerkmale der Prüfklasse 1 zu entwickeln. Das geschieht durch die Ermittlung von Grenzwerten, Prüfmitteln, Prüfbedingungen und von Prüfumfängen. Auf Dokumenten von Prozessen oder Produkten sind Prüfmerkmale der Prüfklasse 1 zu kennzeichnen.

Qualitätsabnahmebedingungen. Jeder Kunde sollte seine Qualitätsabnahmebedingungen den Lieferanten bekanntgeben. Sie enthalten Anspruchsklassen der Qualität und Grundlagen der Qualitätssicherung, wie Prüfumfang, Prüfunterlagen, Prüfpläne, Lieferantenaudits und Lieferantenbewertung. Ferner enthalten sie die Lieferung von Zertifikaten, Maßnahmen bezüglich Erstmusterprüfungen, Nullserienprüfungen, Serienprüfungen und Regelungen beim Auftreten von fehlerhaften Teilen.

Qualitätsbezogene Kosten. Qualitätsbezogene Kosten dienen zur Sichtbarmachung von Verbesserungen im Qualitätsprozeß und setzen sich zusammen aus den Kosten der Qualitätsplanung, den Kosten der Prüfstellen und den Kosten der Qualitätsabweichungen.

Qualitätscontroller. Der Qualitätscontroller ist für das QM-System im Unternehmen zuständig und deshalb dem Qualitätsverantwortlichen direkt unterstellt. Seine Hauptaufgaben sind die Überprüfung des QM-Systems mittels Audit, Überwachung der Korrekturmaßnahmen, Qualitätsschulungen und sonstige Qualitätsförderungsmaßnahmen. Sein Ausbildungsstand ist nicht nur fachspezifisch, sondern umfaßt auch Betriebswirtschaft, Zusammenarbeit und Führung.

Qualitäts-Lenkungsausschuß. Der Qualitäts-Lenkungsausschuß ist die Steuergruppe für den Qualitätsverbesserungsprozeß im Unternehmen. Vorsitzender ist der Qualitätsverantwortliche der Geschäftsleitung, Mitglieder sind das Top-Management, der Personalleiter, der Qualitätscontroller und die Qualitätsleiter der Linie.

Qualitätsteams. Qualitätsverbesserungen sind zweckmäßig im Team zu realisieren. Besonders bei abteilungsübergreifenden Problemen sind Teams erfolgreich.

Selbstprüferprinzip. Das Selbstprüferprinzip besagt, daß Arbeitsergebnisse von jedem selbst zu überprüfen sind, daß die Mängelbehebung in jeder Abteilung und innerhalb eines jeden Prozesses stattfinden muß und daß für vorgeschriebene Prüfungen durch Dritte diese Prüfung auch noch bei Eignung vom Bearbeiter übernommen werden kann. In diesem Fall wird der Bearbeiter im Selbstprüfersystem integriert, wird mittels Produktaudit überwacht und bei Erfüllung mit einer Prämie belohnt.

Shainin. Prozeßentwicklung nach Shainin ist eine Qualitätstechnik, die die wichtigsten Prozeßeinflußgrößen ermittelt und beherrschbar macht.

SPC. Die statistische Prozeßlenkung (Statistical Process Control) sichert die Qualitätsfähigkeit und Beherrschbarkeit der Prozesse. Wichtige Hilfsmittel dazu sind Prozeßkennzahlen und Qualitätsregelkarten.

Taguchi. Die statistische Versuchsplanung nach Taguchi ist ein Verfahren zur Entwicklung und Verbesserung von Produkten und Prozessen. Dabei spielen die Festlegungen des technologischen Konzeptes (System Design), von Sollwerten der Qualitätsmerkmale (Parameter Design) und von Toleranzen (Tolerance Design) eine Rolle.

Teamarbeit. Interdisziplinäre Teamarbeit ist das wichtigste Instrument für die TQM-Arbeit. Dadurch werden die Abteilungsgrenzen überschritten und es wird effektiv um die Sache gerungen. Wichtig dabei ist ein Teamleiter mit Führungserfahrung und motivierte Mitarbeiter. Vor Beginn des Qualitätsverbesserungsprozesses sind die Beteiligten in Teamarbeit zu schulen.

Total Quality Management. Eine Führungsmethode, welche unter Mitwirkung aller Mitarbeiter des Unternehmens durch laufende Qualitätsverbesserungen zufriedene Kunden, zufriedene Mitarbeiter, einen Nutzen für die Gesellschaft und langfristige Geschäftserfolge erzielt.

Umwelt-Audit (Eco-Audit). Der EU-Ministerrat hat am 29. Juni 1993 die "Verordnung Nr. 1836/93 des Rates über die freiwillige Beteiligung gewerblicher Unternehmen an einem Gemeinschaftssystem für das Umweltmanagement und die Umweltbetriebsprüfung" verabschiedet. Im April 1995 tritt diese Verordnung in Kraft und Unternehmen können davon Gebrauch machen , d.h. sie können sich für das EU-Eco-Audit registrieren lassen. Dieses Umwelt-management-System verlangt von den Unternehmen eine Organisationsstruktur, Zuständigkeiten, Verhaltensweisen, Verfahren, Abläufe und Mittel für die Festlegung und Durchführung der Umweltpolitik. Es umfaßt eine Umweltbetriebsprüfung, Information der Öffentlichkeit und periodische Audits durch einen zugelassenen Umweltgutachter.

Literatur

Crosby: Qualität bringt Gewinn, Mc Graw-Hill Book Company Hamburg 1986

Crosby: Qualität ist machbar, Mc Graw-Hill Book Company Hamburg 1986

Crosby: So führe ich mein Team, Mc Graw-Hill Book Company Hamburg 1986

Danzer: Quality-Denken, Verlag TÜV Rheinland Köln 1990

DGQ 12-62: Leitfaden zur Erstellung eines Qualitätssicherungs-Handbuchs, Beuth- Verlag Berlin 2.Aufl.1991

DGQ 14-13: TQM - eine unternehmensweite Verpflichtung, Beuth-Verlag Berlin 1990

DGQ 16-31: SPC 1- Statistische Prozeßlenkung, Beuth-Verlag Berlin 1990

E DIN ISO 8402: Qualitätsmanagement und Qualitätssicherung - Begriffe, Beuth-Verlag Berlin 1992

E DIN ISO 8402 Beiblatt 1: Qualitätsmanagement und Qualitätssicherung; Anmerkungen zu Grundbegriffen, Beuth-Verlag Berlin 1992

DIN ISO 9000: Qualitätsmanagement und Qualitätssicherungsnormen; Leitfaden zu Auswahl und Anwendung , Beuth-Verlag Berlin 1990

E DIN ISO 9000 Teil 1: Qualitätsmanagement und Qualitätssicherungsnormen; Leitfaden zur Auswahl und Anwendung, Beuth-Verlag Berlin 1993

DIN ISO 9000 Teil 2: Qualitätsmanagement und Qualitätssicherungsnormen; Allgemeiner Leitfaden zur Anwendung von ISO 9001, ISO 9002 und ISO 9003, Beuth-Verlag Berlin 1992

DIN ISO 9000 Teil 3: Qualitätsmanagement und Qualitätssicherungsnormen; Leitfaden für die Anwendung von ISO 9001 auf die Entwicklung, Lieferung und Wartung von Software, Beuth-Verlag Berlin 1992

DIN ISO 9000 Teil 4: Qualitätsmanagement und Qualitätssicherungsnormen; Anwendung auf das Zuverlässigkeitsmanagement, Beuth-Verlag Berlin 1992

DIN ISO 9001: Qualitätssicherungssysteme; Modell zur Darlegung der Qualitätssicherung in Design / Entwicklung, Produktion, Montage und Kundendienst, Beuth-Verlag Berlin 1990

E DIN ISO 9001: Qualitätsmanagementsysteme; Modell zur Darlegung des Qualitätsmanagementsystems in Design / Entwicklung, Produktion Montage und Kundendienst, Beuth-Verlag Berlin 1993

DIN ISO 9002: Qualitätssicherungssysteme; Modell zur Darlegung der Qualitätssicherung in Produktion und Montage, Beuth-Verlag Berlin 1990

E DIN ISO 9002: Qualitätsmanagementsysteme; Modell zur Darlegung des Qualitätsmanagementsystems in Produktion, Montage und Kundendienst, Beuth-Verlag Berlin 1993

DIN ISO 9003: Qualitätssicherungssysteme; Modell zur Darlegung der Qualitätssicherung bei der Endprüfung, Beuth-Verlag Berlin 1990

E DIN ISO 9003: Qualitätsmanagementsysteme; Modell zur Darlegung des Qualitätsmanagementsystems bei der Endprüfung, Beuth-Verlag Berlin 1993

DIN ISO 9004: Qualitätsmanagement und Elemente eines Qualitätssicherungssystems; Leitfaden, Beuth-Verlag Berlin 1990

E DIN ISO 9004 Teil 1: Qualitätsmanagement und Elemente eines Qualitätsmanagementsystems; Leitfaden, Beuth-Verlag Berlin 1993

DIN ISO 9004 Teil 2: Qualitätsmanagement und Elemente eines Qualitätssicherungssystems, Leitfaden für Dienstleistungen, Beuth-Verlag Berlin 1992

E DIN ISO 9004 Teil 3: Qualitätsmanagement und Elemente eines Qualitätssicherungssystems; Leitfaden für verfahrenstechnische Produkte, Beuth-Verlag Berlin 1992

E DIN ISO 9004 Teil 4: Qualitätsmanagement und Elemente eines Qualitätssicherungssystems; Leitfaden für Qualitätsverbesserung, Beuth-Verlag Berlin 1992

E DIN ISO 9004 Teil 5: Qualitätsmanagement und Elemente eines Qualitätssicherungssystems; Leitfaden für Qualitätssicherungspläne, Beuth-Verlag Berlin 1992

E DIN ISO 9004 Teil 7: Qualitätsmanagement und Elemente eines Qualitätsmanagementsystems; Leitfaden für Konfigurationsmanagement, Beuth-Verlag Berlin 1993

DIN ISO 10011: Leitfaden für das Audit von Qualitätssicherungssystemen,
Teil 1 Auditdurchführung
Teil 2 Qualifikationskriterien für Qualitätsauditoren
Teil 3 Management von Auditprogrammen
Beuth-Verlag Berlin 1992

DIN ISO 10012 Teil 1: Forderungen an die Darlegung der Qualitätssicherung von Meßmitteln; Bestätigungssystem für Meßmittel, Beuth-Verlag Berlin 1992

Benten Sattler: Inhalt und Bedeutung des CE-Zeichens, Deutscher Industrie- und Handelstag Bonn, 2. Aufl. 1993

E.F.Q.M.: Umfassendes Qualitätsmanagement (TQM), das Europäische Modell für die Selbstbewertung, Brüssel 1993

E.F.Q.M.: The European Quality Award, Application Broschure, Brussels 1993

Frehr: Total Quality Management, Hanser Verlag München 1993

Haist/From: Qualität im Unternehmen, Hanser Verlag München 2. Aufl. 1991

Hansen (Hrsg.): Zertifizierung und Akkreditierung von Produkten und Leistungen der Wirtschaft, Hanser Verlag München 1992

Kamiske/Brauer: Qualitätsmanagement von A-Z, Hanser Verlag München 1993

Koch: Marktgerechte Qualität, Verlag Paul Haupt Bern und Stuttgart 1989

Kottmann (Hrsg.): Unternehmensqualität, Teubner Verlag Stuttgart 1993

Lauff: Das Umwelt-Audit in der betrieblichen Praxis, Bundesanzeiger Verlagsges. mbH., Köln 1993

Luchs/Neubauer: Qualitätsmanagement, Frankfurter Zeitung 1986

Masing (Hrsg.): Handbuch Qualitätsmanagement, Hanser Verlag München 3. Aufl. 1994

Pfeifer: Qualitätsmanagement, Hanser Verlag München 1993

SAQ: SAQ-Leitfaden zur Normenreihe SN EN 29000/ ISO 9000, Olten Verlag 2.Aufl.1992

Schönbach: 20 Schritte zur Qualität, RKW Düsseldorf 1991

Seghezzi/Hansen: Qualitätsstrategien, Hanser Verlag München 1993

Taguchi: Quality Engineering, GFMT Verlag München 1989

VDA Band 2: Sicherung der Qualität von Lieferungen in der Automobilindustrie, VDA Frankfurt 1975

VDA Band 4: Sicherung der Qualität vor Serieneinsatz, VDA Frankfurt 2. Aufl.1986

VDA Band 5: Produktaudit bei Automobilherstellern und Lieferanten, VDA Frankfurt 1983

VDA Band 6: Qualitätssicherungs-Systemaudit, VDA Frankfurt 1991

VDI - Gemeinschaftsausschuß CIM (Hrsg.): Rechnerintegrierte Konstruktion und Produktion, Band 7: Qualitätssicherung, VDI-Verlag Düsseldorf 1992

VDI/ VDE/ DGQ 2618, Blatt 1bis 27, Prüfanweisungen für Prüfmittelüberwachung, Beuth-Verlag Berlin 1991

Warnecke, Melchior, Kring: Qualitätsgerechte Produktgestaltung, VDI- Jahrbuch 89/90, VDI-Verlag Düsseldorf 1989

Wiezorek: Lexikon der Industriebetriebslehre, Kiehl Verlag Ludwigshafen

Wildemann: Die modulare Fabrik, Verlag gfmt St. Gallen 3. Aufl. 1992

Zink(Hrsg.): Qualität als Managementaufgabe, Verlag moderne industrie Landsberg/Lech 2. Aufl.1992

Bildquellenverzeichnis

Verlag und Autor danken den genannten Firmen und Personen für die Verwendung von Vorlagen bzw. Abdruckgenehmigungen folgender Abbildungen:

Bilder: 1.1 DGQ, 1.2 Hansen, 1.3 Desatnik, 1.4 DGQ, 1.5 Desatnik, Brunner, 1.6, 1.7 Luchs, Neubauer, 1.8 DGQ, 1.9 Luchs, Neubauer, 1.10 Daimler Benz, 1.11 Bothe, 2.1 Fa. Durst, 2.2 DIN ISO 9004 Ausgabe 5.90, 2.3 DIN ISO 9004, Teil 2, Ausgabe 6.92, 3.1 DIN ISO 9000 Ausgabe 5.90, Beuth-Verlag, 4.5, 4.6 DQS, 5.1, 6.1 Fa. Durst, 6.2 DIN 66001 Ausgabe 12.83, Beuth-Verlag, 6.4 Fa. Durst.

Anlagen: 1 u. 2 Fa. Durst.

Die DIN-Normen wurden wiedergegeben mit Erlaubnis des DIN Deutsches Institut für Normung e.V. Maßgebend für das Anwenden der Normen ist deren Fassung mit dem neuesten Ausgabedatum, die bei der Beuth-Verlag GmbH, Burggrafenstraße 6, 10787 Berlin, erhältlich sind.

Bilder 1.1,1.4,1.8: TQM (Total Quality Management) - eine unternehmensweite Verpflichtung. Bestell- Nr. Beuth-Verlag 32820, ISBN 3-410-32820-3, 1. Aufl. 1990. Nachgedruckt mit Einwilligung der DGQ vom 29.3.1993.

Index